Katzen

Katzen

Autor
Howard Loxton

Illustrationen
David Nockels, Joan Thompson
John Thompson, Roy Wiltshire

Deutscher Text
Sigrid Eicher

NAUMANN & GÖBEL

ISBN 3-625-10331-1

Inhalt

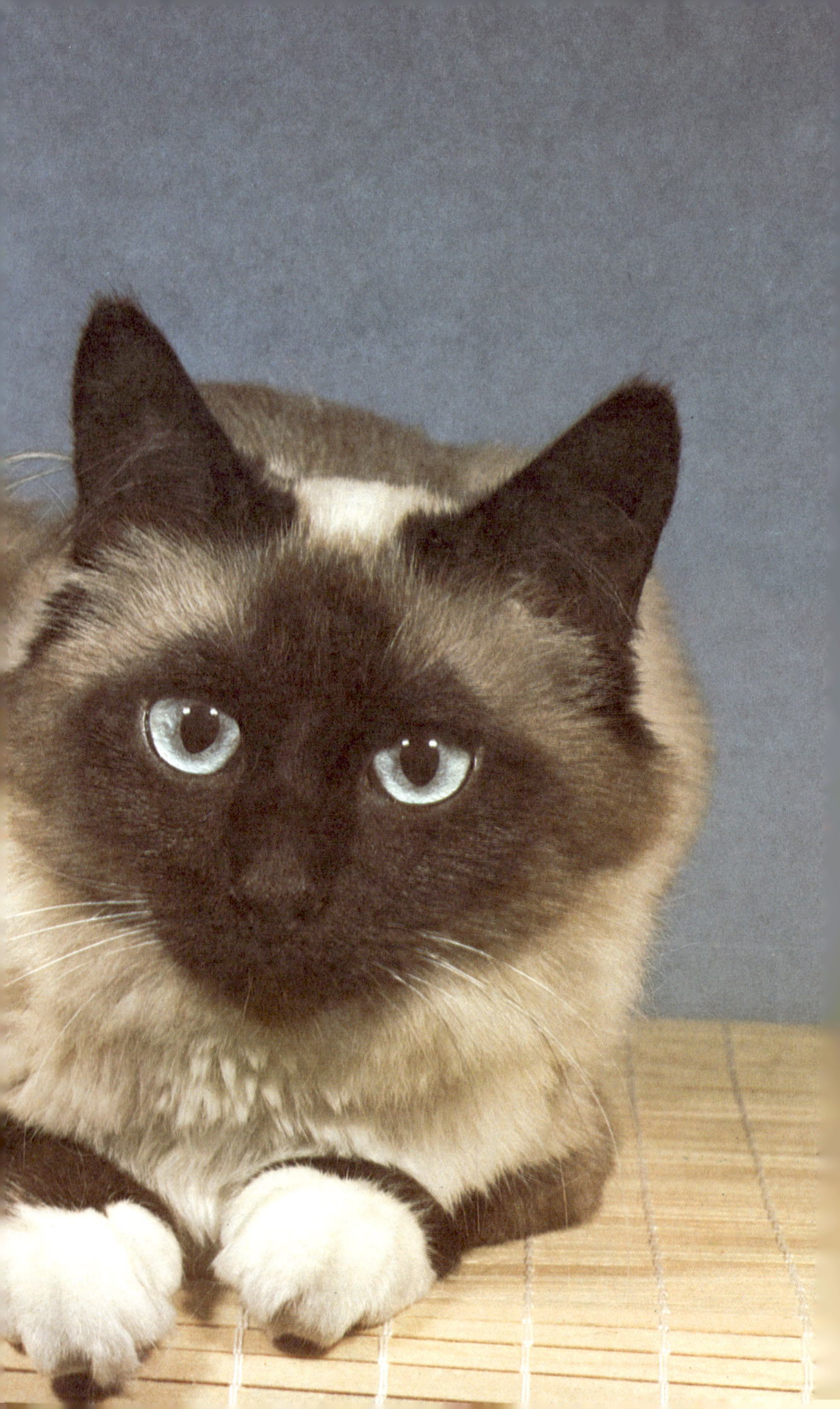

Einleitung

Eine zusammengerollt im Wohnzimmer schlafende Katze ist die Verkörperung von Wärme, Sicherheit und friedvoller Häuslichkeit. Wenn diese selbe Katze aber die Augen öffnet, ihre Glieder streckt, gähnt und dabei die Zähne zeigt, verwandelt sie sich in ein Symbol der Wildheit. Ihr Fell ist getigert wie das ihres gestreiften Verwandten. Ihre Augen leuchten in räuberischem Feuer. Die weichen Pfoten geben die scharfen Krallen frei, und die Zähne sind die mordlüsternen Fänge des fleischfressenden Jägers. Beide Bilder stimmen. Die Katze kann das sanfteste und häuslichste aller Haustiere sein, sie ist aber auch dem Löwen und dem Tiger ähnlich. Katzen sind heute vielleicht die beliebtesten Haustiere, aber im Vergleich zu Hunden, Eseln, Ziegen und Milchkühen sind sie noch nicht lange zum Haustier geworden. Deshalb unterscheidet sich unser Schoßtier noch so wenig von den wildlebenden Katzen.

Katzen, Hunde, Wiesel und andere kleinere Säugetiere haben einen gemeinsamen Vorfahren, einen langrückigen, kurzbeinigen Fleischfresser, der viel Ähnlichkeit mit dem heutigen Wiesel hatte. Die Paläontologen tauften ihn Miacis. Er lebte vor etwa 50 Millionen Jahren, und im Lauf der nächsten 10 Millionen Jahre entwickelte sich ein Zweig seiner Nachkommen zu einem katzenähnlichen Wesen, das den Namen Dinictis erhielt. Es war ungefähr so groß wie unser heutiger Luchs und ähnelte ziemlich stark den großen Katzen von heute, nur daß es sehr lange Reißzähne besaß. Das Gehirn allerdings war klein. Eine Linie von Dinictis entwickelte sogar noch längere Reißzähne; von ihr stammt auch der heute ausgestorbene Säbelzahntiger des Pleistozän ab. Manche Wissenschaftler halten es für möglich, daß die Säbelzahntiger und ein anderer Zweig, von dem die Felidae abstammen, einen gemeinsamen, noch nicht identifizierten Vorfahren hatten. Zur Familie der Feliden gehören alle heutigen Katzen.

Zur modernen Katzenfamilie gehört der fast 4 m lange sibirische Tiger ebenso wie die knapp 60 cm langen gefleckten Katzen von Indien und Sri Lanka. Insgesamt gibt es 36 Spezies dieser Familie, dazu gehören Löwe, Leopard, Gepard, Puma, Luchs, Jaguar, Ozelot, Serval, Caracal, Jaguarundi und Margay und andere kleinere Katzenarten aus verschiedenen Teilen der Welt. Einige der letzteren haben vielleicht bei der Entwicklung der Hauskatze eine Rolle gespielt. Allgemein gelten aber die Afrikanische Wildkatze oder Falbkatze (Felis libyca) und die europäische Wildkatze (Felis silvestris) als nächste Verwandte der Hauskatze. Sie paaren sich auch untereinander, und verwilderte Katzen zeigen nach einigen Generationen wieder das Fellmuster und das Äußere der Wildkatze.

Siamkatzen sind intelligent und einfallsreich – und geschickte Diebe.

Körperbau und Sinne

Das Skelett der Katze unterscheidet sich von dem des Menschen hauptsächlich durch den Schwanz, der beim Menschen verschwunden ist, und die Tatsache, daß sich die Katze auf vier Pfoten fortbewegt. Diesen Pfoten entsprechen in unserem Skelett die Fingerglieder, wobei unser »Handknöchel« dem entspricht, was bei der Katze wie eine Ferse aussieht, während unsere Ferse gleichbedeutend mit dem Sprunggelenk des Hinterbeins ist. Es gibt auch noch andere Unterschiede. So ist z.B. das Rückgrat einer Katze viel biegsamer als das des Menschen und kann sich nach oben wölben, und auch die Gliedmaßen sind außergewöhnlich geschmeidig. Außerdem kann eine Katze ihren Kopf viel weiter nach hinten drehen als ein Mensch.
Das Skelett wird von ungewöhnlich starken Muskeln zusammengehalten. Besonders ausgeprägt sind diese im Bereich des Beckens und der Hinterbeine, was die Katze zu weiten Sprüngen befähigt. Die Muskeln in Nacken und Schultern werden zum Schlagen der Beute beansprucht.
In Freiheit ist die Katze ein Jäger. Sie ernährt sich hauptsächlich von erbeuteten Tieren, und ihr Verdauungsapparat ist darauf eingestellt, gelegentlich mit ausgiebigen Mahlzeiten ebenso fertig zu werden wie mit längeren Hungerperioden. Das bedingt viel Platz für Magen und Eingeweide. Der Brustkorb ist im Verhältnis kleiner, so daß für Herz und Lunge weniger Raum bleibt. Die Katze kann so zwar kurzzeitig erhebliche

Die Katze hat einen ähnlichen Knochenbau wie der Mensch, nur daß sie noch einen Schwanz hat. Viele Knochen wie z.B. das Becken sind aber auch anders geformt.

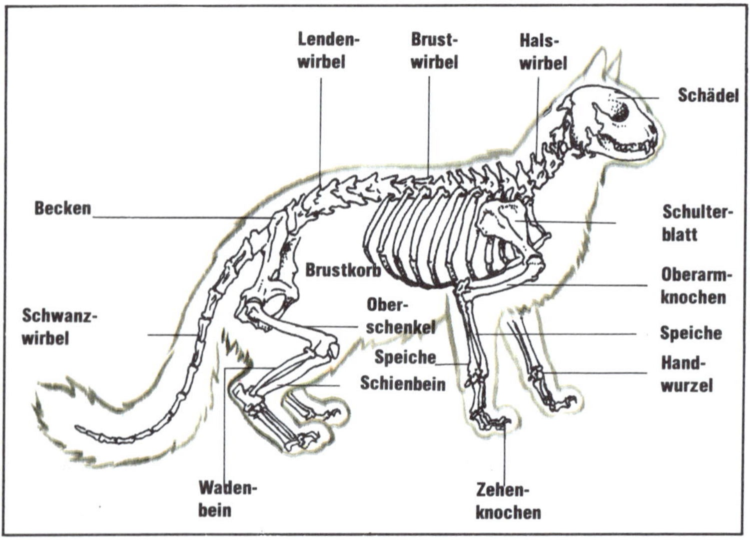

Eine Katze kann sehr weit und hoch springen und Entfernungen genau abschätzen.

Energie aufwenden und große Geschwindigkeit entwickeln, hält dies aber nicht lange durch, sondern braucht bald eine Erholungspause. Selbst in Ruhe macht eine Katze im gleichen Zeitraum etwa doppelt so viele Atemzüge wie ein Mensch.
Der Teil des Gehirns, der den starken Muskeln und geschmeidigen Gliedern ihre Befehle erteilt, ist besonders gut entwickelt und mit ihnen durch ein fein abgestimmtes System von Nerven und Sinnen verbunden. Die Sinnesorgane einer Katze reagieren auf viele höchst unterschiedliche Reize. Dadurch ist eine Katze in der Lage, mit einer Feinheit zu beobachten und zu reagieren, die der des Menschen im allgemeinen weit überlegen ist. Nur der Geschmacksinn ist verhältnismäßig schwach entwickelt.

Sehvermögen

Katzen nehmen ihre Beute mit den Augen und mit den Ohren war, weshalb beide Sinne besonders empfindlich entwickelt sind. Farben können sie dagegen nur begrenzt unterscheiden; ihr Auge enthält nur etwa ein Sechstel der farbempfindlichen Elemente (Zäpfchen), die ein Menschenauge enthält. Dieser Farbsinn hilft uns zweifellos dabei, Umrisse zu erkennen, während es Katzen anscheinend schwerer fällt, unbewegliche Objekte vom Hintergrund zu trennen. Außerdem können sie sehr dicht vor ihnen befindliche Dinge nicht sehr genau sehen. Wie beim Menschen sind auch bei der Katze die Augen so gestellt, daß beide in dieselbe Richtung schauen. Sie sieht also räumlich und kann Entfernungen abschätzen - wie gut, zeigt die Zielsicherheit ihrer Sprünge. Jedes Auge hat einen Gesichtswinkel von beinahe 205°; da auch der Hals sehr beweglich ist, kann die Katze also mit einem Minimum an Bewegung einen ungewöhnlich großen Bereich überblicken.

Die Iris regelt den Lichteinfall. Bei hellem Licht (oben) verengt sich die Pupille zu einem Schlitz, bei Dämmerlicht (Mitte) öffnet sich die Iris, so daß der schwarze Mittelpunkt kreisrund wird. Gegen blendendes Licht schützt ein drittes Lid, die Nickhaut (unten).

Die Pupille im Katzenauge kann sich bis auf einen schmalen Schlitz schließen oder sich kreisförmig öffnen und so den Lichteinfall regulieren. Dadurch wird auch die kleinste Lichtmenge noch optimal genutzt. Natürlich kann die Katze so wenig wie jedes andere Lebewesen in völliger Finsternis sehen, sie hat aber die Fähigkeit, auch da noch Licht wahrzunehmen, wo wir nichts mehr erkennen können. Ein Teil des einfallenden Lichts wird von den Netzhautzellen absorbiert; der Rest fällt auf eine reflektierende Schicht im Augenhintergrund. Diese Schicht, das sogenannte *Tapetum lucidum,* wirft das Licht durch die Netzhaut zurück und erhöht dadurch die aufgenommene Information. Diese spiegelähnliche Schicht auf dem Augenhintergrund ist es, die die Augen von Katzen und anderen Nachttieren im Dunkeln »leuchten« läßt: sie reflektiert alles vorhandene Licht. Helles Licht kann für Katzen selbst bei fast geschlossener Pupille eine Blendwirkung besitzen, weil Katzenaugen dafür gebaut sind, das Beste aus dem schwachen Licht bei Nacht, im Morgengrauen und in der Abenddämmerung, ihrer Jagdzeit, zu machen. Um ein Zuviel an Helligkeit zu dämpfen, kann ein drittes Lid, die sogenannte Nickhaut, vom inneren Augenwinkel nach oben über das Auge gezogen werden. Diese Haut filtert lediglich das einfallende Licht und erlaubt einen gewissen Durchblick. Sie schützt zudem das Auge vor Verletzungen. Bleibt die Nickhaut längere Zeit sichtbar, ist dies ungewöhnlich, aber nicht unbedingt ein Krankheitszeichen.

Gehör

Eine Katze kann Geräusche im Bereich von 30 bis 45000 Hertz (Schwingungen pro Sekunde) wahrnehmen, womit sie das menschliche Hörvermögen mit seinem optimalen Bereich von etwa 2000 bis 4000 Hertz bei weitem übertrifft. Mit Ausnahme der tiefen Töne hören Katze und Mensch bis zum Bereich von etwa 2000 Hertz ungefähr gleich gut, aber dann sind Katzenohren auf jeden Fall schärfer als selbst die schärfsten Menschenohren. Nur wenige Menschen nehmen Töne oberhalb von 20000 Hertz - dem höchsten Geigenton - überhaupt noch wahr, während Katzen bis 40000 Hertz hervorragend hören. Bei manchen scheint die oberste Grenze sogar bei 60000 Hertz zu liegen. Das bedeutet, daß Katzen eine Welt von Tönen hören, die für uns überhaupt nicht mehr existiert.

Eine Bewegung fällt einer Katze nur auf, wenn sie sich in ihrem Blickfeld abspielt, ein Geräusch aber nimmt sie aus jeder Richtung auf, solange es überhaupt in Hörweite ist. Es gibt praktisch keine Bewegung ohne irgendeine Art von Geräusch. Eine Katze kann die Bewegung nicht nur hören, sondern auch lokalisieren, weil die Ohren so geformt sind, daß sie das Geräusch konzentrieren. Da sie außerdem noch sehr beweglich sind, können sie sich auf eine bestimmte Geräuschquelle einstellen und sie orten. Ein Papierknäuel z.B. knistert leise, wenn er zu Boden fällt. Dieses Geräusch genügt, daß die Katze ihn lokalisieren kann, obwohl sie ihn nicht hat fallen sehen. Katzen unterscheiden und identifizieren Geräusche mit großer Genauigkeit. Sie erkennen den Schritt eines Familienmitglieds oder eines häufigen Besuchers lange, bevor wir ihn hören, und auch das Geräusch eines bestimmten Automotors erkennen sie sofort.

Die Tonhöhe wird in Hertz (Schwingungen pro Sekunde) gemessen. Bei einem Erwachsenen umfaßt der Hörbereich etwa die Oktaven eines normalen Klaviers. Die Katze hört einen weit größeren Bereich von Tönen.

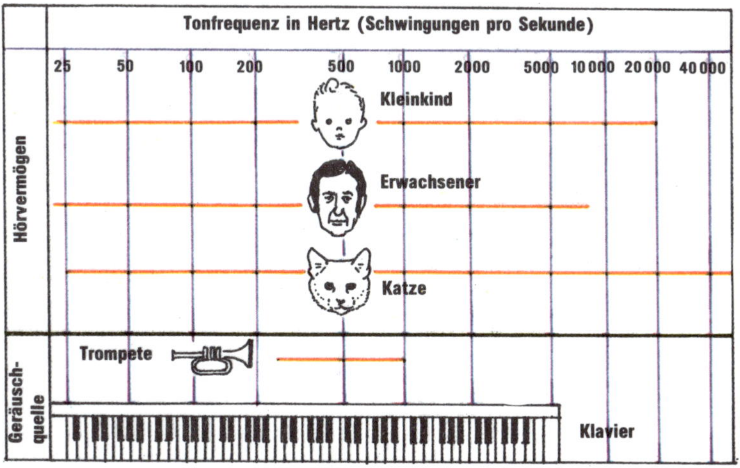

Eine gesunde Katze, die sehen und hören kann, dreht sich im Fallen und landet auf allen vieren.

Gleichgewicht

Das innere Ohr ist so gebaut, daß es nicht nur Geräuschsignale ans Gehirn übermittelt, sondern auch für das Gleichgewicht eine Rolle spielt. Menschen und Hunde leiden oft unter Reisekrankheit, Katzen nicht. Da zwischen Reisekrankheit und Gleichgewichtssinn ein enger Zusammenhang besteht, ist es möglich, daß das innere Ohr bei Katzen etwas anders gebaut ist als beim Menschen.

Auf den Füßen landen

Katzen können sich im freien Fall so ausrichten, daß sie zum Schluß sicher auf allen vieren landen. Diese Fähigkeit hängt nicht ausschließlich von Empfindungen im Ohr ab, denn sie geht auch bei tauben Katzen nicht verloren. Sogar eine Katze, die überhaupt kein inneres Ohr besaß, konnte sich trotzdem ausrichten. Verband man ihr allerdings die Augen, verlor sie diese Fähigkeit. Neben dem Sehvermögen scheinen außerdem die über den ganzen Körper verstreuten druckempfindlichen Zellen daran beteiligt zu sein. Auch eine Katze kann aber nicht aus jeder Lage sicher landen. Wenn ein Kind sie z.B. ungeschickt fallen läßt, hat sie vielleicht nicht genügend Platz und Zeit sich herumzuwerfen. Bei einem Sturz aus großer Höhe kann sie sich zwar ausrichten, möglicherweise jedoch zieht sie sich durch den Aufprall ernsthafte Verletzungen zu. Auch eine Katze, die auf einem schmalen Sims schläft und bei einer Drehung herunterfällt, kann sich verletzen, weil sie vielleicht nicht schnell genug aufwacht, um sich in der Luft zu drehen und auf allen vieren zu landen.

Tastsinn

Wir berühren Dinge bewußt mit den Fingern und assoziieren daher gern Finger und Tastsinn. Wir spüren eine Berührung aber auch am ganzen Körper, nur nicht gleich stark. Die Katze untersucht Gegenstände gern mit den besonders empfindlichen Vorderpfoten. Für die daraus resultierenden Botschaften ist ein ziemlich großer Bereich des Gehirns zuständig. Auch die Nase ist sehr empfindlich, und über den ganzen Körper verteilt gibt es Stellen, die besonders empfindlich auf Druck reagieren. Man hört immer wieder, die Katze benutze ihren Schnurrbart, um auszumessen, ob sie sich irgendwo noch durchzwängen könne, aber das entspricht nicht ganz der wirklichen Funktion der Schnurrhaare. Die langen Haare an der Schnauze, an den Augenbrauen und auf der Rückseite der Vorderpfoten werden *Vibrissae* genannt. Sie alle sind druckempfindlich, und zwar reagieren sie auf minimale Unterschiede des Luftdrucks, die durch die Gegenwart von Dingen in ihrer Umgebung entstehen. In diesem Sinn dienen die *Vibrissae* zur Beurteilung von Zwischenräumen. Auch Menschen spüren solche Druckunterschiede, aber wir verlassen uns viel mehr auf unsere übrigen Sinne und nehmen selten Notiz davon, wenn wir nicht gerade furchtsam im Dunkeln tappen.

Geruchsinn

Auch der Geruchsinn der Katze ist hochentwickelt. Beim Verfolgen der Beute scheint er keine große Rolle zu spielen, wohl aber beim Erkennen von Gegenständen und Lebewesen. Das neugeborene Kätzchen mit den noch geschlossenen Augen bedient sich dieses Sinnes, um die Zitzen der Mutter zu finden. Außerdem spielt er eine wichtige Rolle bei der Über-

Die Katze besitzt druckempfindliche Haare, die sogenannten Vibrassae: *Schnurrhaare, Augenbrauen und die langen Haare auf der Rückseite der Vorderpfoten. Sie tragen zum räumlichen Bewußtsein der Katze bei, weil sie selbst winzige Druckveränderungen, verursacht durch die Gegenstände und Flächen in der Nähe, registrieren.*

mittlung von Informationen über Reviergrenzen und Geschlechtszugehörigkeit. Tiere haben wie Menschen einen ganz eigenen Geruch. Eine Katze erkennt Bekannte und Unbekannte am Geruch. Unbekannte, die eine Gefahr darstellen könnten, werden abgelehnt oder sogar angegriffen. Wird eine Katze neu in einen Haushalt aufgenommen, wird sie oft als Außenseiter abgelehnt. Gelingt es jedoch, den Geruch zu überdekken, wird sie leichter akzeptiert. Dazu reibt man sie mit irgend etwas ab, dem der Geruch der im Hause lebenden Katze anhaftet, z.B. mit dem Kissen, auf dem sie normalerweise schläft. Als hochwirksam hat sich auch ein wenig Streu aus der Katzentoilette erwiesen, die nach dem Urin der alteingesessenen Katze riecht.

Eine Katze markiert ihren Anspruch auf ein Revier mit ihrem persönlichen Geruch. Dazu spritzt sie entweder ihren Urin gegen verschiedene Dinge oder reibt sich an ihnen, wobei eine charakteristische Ausscheidung aus Duftdrüsen abgelagert wird. Diese Drüsen befinden sich am After, den Schwanz entlang, um Lippen und Kinn herum und an den Schläfen. Das Spritzen mit Urin ist hauptsächlich eine Gewohnheit der ausgewachsenen Kater, kommt aber auch bei Kätzinnen vor. Wird ein Kater vor dem Erreichen der Geschlechtsreife kastriert, entwickelt er diese Gewohnheit meist nicht. Der Geruch von Urin ist charakteristisch, sehr streng und leicht zu erkennen, während der Geruch der anderen Drüsen von den meisten Menschen nicht wahrgenommen wird. Wenn unsere Hauskatze liebevoll den Kopf an unserer Hand reibt, markiert sie uns möglicherweise, denn seitlich am Kopf befinden sich Duftdrüsen, denen aber kein unangenehmer Geruch anhaftet.

Wenn eine Katze zur Paarung bereit (»rollig«) ist, entwickelt sie einen besonderen Geruch, der diese Botschaft an jeden Kater in der Nachbarschaft übermittelt. Dieser Duft ist zwar nicht so überwältigend wie der des Katerurins, für empfindlichere menschliche Nasen aber durchaus noch wahrnehmbar.

Wenn zwei Katzen sich treffen, beschnüffeln sie sich zur Begrüßung im allgemeinen an den Stellen, an denen sich die Duftdrüsen befinden. Gleichzeitig reiben sie sich aneinander und hinterlassen so eine Duftmarkierung. Auch die Kleidung von Familienmitgliedern wird beim Nachhausekommen beschnuppert; sogar Koffer und Einkaufstaschen sind interessant, weil sie von draußen bestimmte Düfte mitbringen. Für eine Katze ist dieses Abschnuppern wohl gleichbedeutend mit einem Schwätzchen darüber, was die betreffende Person außer Haus gemacht hat.

Katzen sind sinnliche Tiere. Sie genießen Wärme, sei es neben dem Kamin, auf der Heizung oder ausgestreckt in der Sonne. Sie haben es gern, wenn man sie streichelt, krault oder kitzelt. Gerüche empfinden sie anscheinend als Genuß. Manchmal schnuppern sie mit sichtlichem Wohlbehagen an Dingen, die wir eher unappetitlich finden, und oft sitzen sie im offenen Fenster oder unter der Tür und lassen genüßlich die Gerüche an sich vorüberziehen. Um die Düfte noch besser aufnehmen zu können, ziehen sie die Luft zusätzlich durch das geöffnete Maul ein, so daß die Gerüche nicht nur die Geruchsorgane in der Nase aktivieren,

Der Geruchssinn spielt bei der Katze eine Hauptrolle. Lange bevor die Kätzchen die Augen öffnen, führt ihr Geruchssinn sie zu den Zitzen der Mutter.

Der Geruchssinn sagt der Katze, um welchen Gegenstand es sich handelt, bzw. wo er einmal stand. Die Nase spürt Futter und Beute auf, mit der Nase werden Dinge, besonders Einkäufe, untersucht – es könnte etwas zum Fressen darin sein!

Mit Gerüchen werden Revier und Gegenstände markiert. Beim »Köpfchengeben« hinterlassen Drüsen am Kopf einen Geruch an der Hand.

sondern auch durch zwei Gänge im harten Gaumen gleich hinter den oberen Schneidezähnen eingesogen werden. Diese Gänge führen zu einem weiteren Riechorgan, das nicht nur Katzen, sondern auch Schlangen und verschiedene andere Tierarten besitzen.

Lautäußerungen

Der Duft ist eine Art der Mitteilung. Der Katze stehen aber auch umfangreiche vokale Mittel der Kommunikation zur Verfügung. Kleine Kätzchen quieken und zirpen leise, Katzenmütter rufen sie mit sanften oder befehlenden Lauten zur Ordnung. Es gibt das »Miau«, mit dem sie Aufmerksamkeit erbitten und ihre Forderungen an den Menschen unterstützen, die besonderen Laute bei der Paarung, die »Katzenmusik« des werbenden Katers und der rolligen Kätzin. Katzen können fauchen und spucken, grollen und schreien. Sie schnurren vor Zufriedenheit, sie können aber auch einen leisen, dem Schnurren ähnlichen Laut äußern, der eine Art Kommentar zu sein scheint. Ganz tiefes Schnurren ist manchmal ein Zeichen von Schmerzen. Alle Katzen scheinen allgemeine Warnsignale sowie sexuelle Signale zu verstehen, und Katzenmütter scheinen mit ihren Jungen gelegentlich per Lautäußerung Botschaften auszutauschen, die weit über das übliche »komm essen« oder »Hilfe, ich habe mich verirrt« hinausgehen. Viele Katzenbesitzer glauben einen Großteil dieser Lautäußerungen interpretieren zu können, und Katzen können die menschliche Sprache anscheinend mit bestimmten Bedeutungen verbinden, so daß manchmal wirklich so etwas wie eine Unterhaltung zustande kommt. Wissenschaftlich belegt ist jedoch nur wenig über die Lautmitteilungen von Katzen, abgesehen von den auf der Hand liegenden Verallgemeinerungen.

Körpersprache

Gerüche und Lautäußerungen sind nicht die einzigen Mittel der Kommunikation. Wie die Menschen bedienen sich auch die meisten Tiere einer »Körpersprache«. So drückt die Körperhaltung oft die innere Einstellung aus. Besonders deutlich wird das, wenn zwei Katzen sich gegenüber-

Katzen sind geduldige Jäger. Sie machen sich fast unsichtbar, wenn sie eine Beute belauern oder beschleichen.

Mit gesträubtem Fell versucht eine Katze, sich ein furchterregenderes Aussehen zu geben. Rollt sie sich auf den Rücken, ist der Bauch zwar ungeschützt, sie kann in dieser Lage aber auch mit den kräftigen Hinterbeinen zutreten.

stehen. Die eine sträubt das Fell und macht sich so groß und furchterregend wie möglich, um die andere einzuschüchtern. Steht der anderen der Sinn nicht nach Kampf, macht sie sich möglichst klein, kriecht am Boden entlang, senkt den Kopf und verhält sich demütig und unterwürfig. Ein Austausch von Drohgebärden mit viel Gefauche und Gegrolle endet oft damit, daß eine der beiden nachgibt. Behaupten jedoch beide ihren Platz, schlagen sie mit den Vorderpfoten nach dem Gegner, zuerst mehr symbolisch und ohne sich zu berühren, dann aber auch im Ernst. Die unterlegene Katze rollt sich oft auf den Rücken und entblößt damit ihren ungeschützten Bauch, ein Zeichen der Unterwerfung. Greift die andere Katze aber weiter an, tritt sie mit den kräftigen Hinterbeinen zu.
Am Schwanz läßt sich die Laune einer Katze besonders leicht ablesen. Eine glückliche, entspannte Katze trägt den Schwanz hoch in der Luft, das Ende leicht gebogen, so daß er wie eine Willkommensstandarte wirkt. Bei einer erregten oder zornigen Katze schlägt der Schwanz hin und her, während eine zuckende Schwanzspitze - ebenso wie gespitzte Ohren - Konzentration und Interesse ausdrücken.

Die Katze als Jäger
Die scharfen Sinne und der leistungsfähige Körper sind dazu geschaffen, Beute aufzuspüren und zu schlagen. Katzen fressen Fleisch, und da sie mehr Raubtiere als Aasfresser sind, müssen Augen und Ohren fein ge-

Die Beute wird meist durch einen Nackenbiß ins Rückenmark getötet. Wenn junge Katzen keine Erfahrung mit lebender Beute haben, lernen sie diesen Tötungsbiß möglicherweise nie.

nug sein, die Beute aufzuspüren, während die Gliedmaßen, die scharfen Zähne und Krallen dazu dienen, die Beute zu fangen und zu töten.
Eine Katze ist geduldig. Sie kann stundenlang an einer Stelle warten, bis eine geeignete Beute vorbeikommt, um dann im richtigen Augenblick loszuspringen und zu töten. Heimlich schleicht sie sich an, hält sich in Deckung und schmiegt sich dicht an den Boden, wo solche Deckung fehlt. Sie erstarrt mitten in der Bewegung, um sich nicht zu verraten. Je näher sie ihrer Beute kommt, desto vorsichtiger wird sie. Die Ohren sind angelegt, der Schwanz ist gesenkt, damit nichts ihre Stellung verrät, aber nur wenige Katzen können ein erregtes Zucken der Schwanzspitze unterdrücken. Ein Zittern läuft durch die Hinterbeine, bevor sie sich schließlich auf ihre Beute stürzt und sie schlägt. Manchmal landet die Katze auch dicht neben ihrem Opfer und behält die Hinterbeine am Boden, um einem etwaigen Gegenangriff Widerstand leisten und sich zum tödlichen Nackenbiß vorwärtsschnellen zu können. So werden gewöhnlich Nager und andere Kleintiere gefangen, die häufigsten Beutetiere der Katze. Manchmal läßt sie sich allerdings auch auf sie herunterfallen.
Will sie einen Vogel fangen, muß sie ihren Instinkt, vor dem Sprung innezuhalten, unterdrücken, was nicht allen Katzen gelingt. Ein Vogel kann noch auffliegen, bevor die Katze zum letzten Sprung angesetzt hat. Dann springt sie nach ihm und ergreift ihn mit den Zähnen, oder sie schlägt ihn mit der Vorderpfote aus der Luft herunter. Man hält Katzen allgemein für Vogeljäger, aber nur wenige sind dabei wirklich erfolgreich. Katzen können auch Insekten aus der Luft schnappen oder sie herunterschlagen und auffressen. Manche lernen sogar das Angeln. Sie schlagen den Fisch

Manche Katzen können angeln. Sie lassen eine Pfote ins Wasser hängen, und wenn ein Fisch darüberschwimmt, schlagen sie ihn ans Land.

mit einer Pfote aus dem Wasser ans Land, wo sie ihn dann packen können. Der tödliche Biß erfolgt mit den vier Reißzähnen, mit denen sie auch Fleisch abreißt. Zwischen diesen stehen scharfe kleine Schneidezähne, weiter hinten die Backenzähne, mit denen sie dank der gezackten, scherenähnlichen Oberfläche ebenfalls Stücke abbeißen kann. Katzen fressen oft mit schräggeneigtem Kopf, damit sie die Backenzähne einsetzen können. Keiner der Zähne besitzt den Mahleffekt menschlicher Backenzähne. Mit der rauhen raspelähnlichen Zunge wird das Fleisch von den Knochen gelöst.
Die zweite scharfe Waffe der Katze sind ihre Krallen. Sie wachsen beständig nach. Besonders wirksam sind die Krallen an den Vorderpfoten, an den Hinterbeinen sind sie weniger scharf. Die Katze kann eine einzelne Kralle in etwas einhaken, um es festzuhalten. Jede Kralle ist von einer Hülle umgeben, die abfällt, wenn die Spitze nicht mehr scharf ist. Darunter kommt dann eine neue scharfe Spitze zum Vorschein. Sind die Spitzen stumpf und abgewetzt, kaut die Katze darauf herum, um sie wieder in Form zu bringen. Das Kratzen an Baumstämmen oder Möbelstücken dient nicht, wie viele Leute meinen, dazu, die Krallen zu schärfen. Die Katze will damit vielmehr die äußeren Hüllen abstreifen und überhaupt den Mechanismus üben, der die Krallen einzieht und ausfährt, und ihre Beine strecken und lockern. Will man Beschädigungen an den Möbeln vermeiden, gewöhnt man die Katze am besten von klein auf an einen bestimmten Kratzpfosten, der eine Hülle aus grobem, festem Stoff (z. B. Jute) besitzt, wie er sonst nirgends im Haus zu finden ist, oder an einen alten Stuhl oder Baumstamm.

Training und Erziehung

Das Jagdverhalten der Katze ist zum größten Teil angeboren, aber das Töten der Beute durch den Nackenbiß muß anscheinend von der Mutter gelehrt werden. Katzenmütter bringen ihren Jungen manchmal lebende Beute als Lehrobjekt mit. Alle Jagd- und Kampftechniken sind im Spiel junger Katzen enthalten: sie lauern sich auf, jagen sich und kämpfen miteinander. Ein angeborenes Verhaltensmuster sorgt aber dafür, daß diese Spiele nie zu ernsthaften Verletzungen führen. Oft endet ein Spiel ganz plötzlich, und die Kätzchen wechseln die Rollen. Die bisherige Beute wird zum Jäger. Auch die Spiele erwachsener Hauskatzen stehen mit der Jagd im Zusammenhang. Selbst wenn es nur ein Ball, ein Stück Schnur oder ein Papierknäuel ist, was sie jagen, anspringen, fangen und herbeibringen, üben sie dabei dieselben Fähigkeiten, die eine Wildkatze zum Beutefang und zur Verteidigung braucht.

Mit Ausnahme der manchmal frühreifen Siamkatzen öffnen junge Katzen erst mit etwa neun Tagen die Augen, und erst mit drei Wochen können sie sicher genug stehen und gehen, um sich weiter vom Lager zu entfernen. Nach etwa vier Wochen fangen sie an, feste Nahrung zu sich zu nehmen, und damit beginnt die Phase der Entwöhnung.

Solange die Katzen noch sehr klein sind, massiert ihnen die Mutter mit der Zunge After und Genitalbereich, um sie zu säubern und die Ausscheidungen anzuregen. Wenn sie herumzuwandern beginnen, ahmen sie wahrscheinlich das Verhalten der Mutter nach und benutzen die Katzentoilette. Allerdings kann dies etwas länger dauern, wenn die Mutter ihr Geschäft im Freien verrichtet. Sie lernen auch, sich selbst und sich gegenseitig zu putzen und zu waschen. Zunge und Pfoten dienen als eine Art Waschlappen und Bürste. Die Zunge reicht fast überall hin, nur Gesicht und Kopf werden mit den zuvor angeleckten Pfoten abgerieben.

Im Spiel entwickeln und üben Kätzchen die Fähigkeiten, die zum Beutefang und zur Verteidigung notwendig sind.

Mit der Zunge erreicht die Katze jeden Körperteil außer Kopf und Hals.

Junge Katzen sollten mindestens acht bis zehn Wochen alt sein, bevor man sie von der Mutter trennt. Sie sind dann schon recht unabhängig, voll entwöhnt und sauber. Wenn man ihnen im neuen Heim die Katzentoilette zeigt, benutzen sie sie in der Regel von Anfang an, nach den Aufregungen des Transports möglicherweise sofort. Sie sollten zuerst wie gewohnt gefüttert werden. Allmählich kann man dann die Nahrung umstellen. Eben entwöhnte Katzen brauchen vier Mahlzeiten am Tag, weil der Magen noch klein und nicht sehr aufnahmefähig ist. Nach etwa einem Monat kann man auf drei Mahlzeiten zurückgehen, und mit einem halben Jahr bekommen sie noch zwei Mahlzeiten am Tag. Später erhalten manche nur noch eine große Mahlzeit. Solange sie noch wachsen, sollten Katzen soviel zu fressen bekommen, wie sie möchten; eine ausgewachsene Katze braucht - je nachdem, wie sie das Futter verwertet - 125 bis 250 g Nahrung am Tag und sollte immer frisches Wasser zur Verfügung haben.
Ohne Mutter und Geschwister kann sich ein Kätzchen im neuen Zuhause sehr einsam fühlen. Wenn sich die erste Aufregung über die neue Umgebung gelegt hat und es merkt, daß es ganz allein ist, braucht es sehr viel Trost und Zuwendung. Man darf es aber auch nicht verwöhnen. Geben Sie ihm einen Namen, der leicht auszusprechen und leicht zu erkennen ist, und fangen Sie damit an, es beim Namen zu rufen. Überlegen Sie sich, nach welchen Regeln sich das Zusammenleben gestalten soll, und halten Sie sich liebevoll, aber konsequent daran. Man kann nicht erwarten, daß eine Katze versteht, warum ihr Benehmen einmal Ärger und einmal Gelächter auslöst.

Die Geschichte der Katze

Wann wurde die erste Katze zum Haustier? Niemand kann diese Frage beantworten. Genau genommen wurde die Katze nie ganz domestiziert. Sie hat ihre Unabhängigkeit nie völlig aufgegeben. Ein anderes Haustier, der Hund, lebt im Rudel. Er verband sein Geschick mit dem Menschen und folgte schon in vorgeschichtlicher Zeit den nomadischen Jägertrupps. Die Katze aber jagt für sich allein. Erst als der Mensch seßhaft wurde und in neolithischer Zeit begann, den Boden zu bebauen, kann seine Gesellschaft der Katze irgendwelche Vorteile gebracht haben, nämlich als der Mensch zu ernten und Vorräte zu lagern begann. Kornvorräte zogen vermutlich Scharen von Ratten und Mäusen an, und diese wiederum erregten möglicherweise die Aufmerksamkeit der Katze. Dies ist nur eine Theorie, die sich aber noch weiter ausspinnen läßt: Die neolithischen Menschen merkten, daß Katzen ihnen nichts taten, daß sie aber die Plagegeister dezimierten, die ihr Korn auffraßen. Die ersten sicheren Beweise einer Verbindung zwischen Mensch und Katze kommen tatsächlich aus dem alten Ägypten, dessen Macht und Reichtum auf dem Korn beruhten, das im fruchtbaren Niltal wuchs.

Links: Die ägyptische Gottheit Bast mit Katzenkopf und Kätzchen zu ihren Füßen. In den Händen hält sie das rasselähnliche Sistrum, ein auch von ihren Anbetern verwendetes Rhythmusinstrument, und eine Aegis, einen kleinen Zeremonienkorb.

Ein 3200 Jahre alter Papyrus aus dem »Buch der Toten« zeigt den Sonnengott Ra in Katzengestalt, wie er Apep, die Schlange der Finsternis, vernichtet. Nach altägyptischem Glauben wiederholte sich dieses Ritual jeden Morgen in der Dämmerung.

Katzen im alten Ägypten
Eine ägyptische Grabmalerei, entstanden etwa 2600 Jahre v. Chr., zeigt eine Katze mit einem weiten Halsband. Es kann sich dabei um ein Haustier oder aber um eine gefangene Wildkatze handeln. Unzweifelhafte Beweise für die Katze als Haustier gibt es erst aus der Zeit 800 Jahre später. Trotzdem können wir davon ausgehen, daß die Katze im alten Ägypten lange vorher schon eine wichtige Rolle spielte. Sie wurde mit einer Reihe ägyptischer Gottheiten in Verbindung gebracht.
Die Ägypter verehrten nicht die Katze als solche, stellten sich aber einige ihrer Götter in Katzengestalt vor. Der Sonnengott Ra nahm Katzengestalt an, um Apep, die Schlange der Dunkelheit zu überwältigen. Auf einer Papyruszeichnung schwingt die Ra-Katze ein Messer, um den Sieg zu erringen, der jeden Morgen in der Dämmerung neu errungen werden muß, da Ra und Apep unsterblich sind. Eine andere schlangentötende Gottheit, die Göttin Mafdet, wurde ebenfalls an Pyramidenwänden in Katzengestalt dargestellt, und zwar als Beschützerin des Pharao. Katzen greifen Schlangen auch in der Natur an – man braucht nur ihre Reaktion auf ein sich bewegendes Stück Schnur oder Band zu sehen, um zu wissen, wie schnell dieser Instinkt wiederauflebt. Diese religiösen Symbole mögen daher die Rolle widergegeben haben, die die Katzen in Wirklichkeit spielten, wenn sie die Menschen vor Schlangen im Haus schützten. Aber auch für diese Theorie gibt es keine gesicherten Beweise. Dabei

sollte man auch nicht vergessen, daß sowohl Schlangen als auch verschiedene andere Tiere - Falken, Flußpferde, Ibisse, Schakale, Löwen und Affen - in der ägyptischen Religion eine bedeutende Rolle spielten. Jeder ägyptischen Gottheit war ein Kulttier zugeordnet, das im Heiligtum ihres Tempels als deren physische Verkörperung gehalten wurde. Bast und Sekhmet, zwei Göttinnen, die mit dem Sonnengott Ra in Verbindung standen, wurden im Sonnentempel von Heliopolis, dem Hauptzentrum der Sonnenverehrung, verehrt. Die frühesten Darstellungen zeigen sie mit Löwenköpfen, aber Bast wurde später als Katze oder mit einem Katzenkopf abgebildet. Sekhmet, die Große Katze, verkörperte die sengende, zerstörerische Kraft der Sonne. Bast (oder Pasht oder Bastet, wie sie auch genannt wird, die Kleine Katze, war die wohlgesinnte Kraft, Verkörperung der lebenspendenden Funktion der Sonne.
In Bubastis, dem größten Kultzentrum der Bast, am unteren Nil, wurde sie schon vor dem Jahr 1780 v. Chr. angebetet, und als Kaiser Theodosius im Jahre 392 n. Chr. die heidnische Religion verbot, besaß sie noch immer ihre Anhänger. Die Tempelkatzen von Bubastis lebten in einem Hof und wurden von Beamten betreut. Dieses Ehrenamt vererbte sich vom Vater auf den Sohn. Die Priester beobachteten die Katzen und deuteten gewisse Zeichen als Botschaften der Göttin. Wer die Göttin um ihr Eingreifen bitten wollte, schor seinem Kind den Kopf kahl und ließ das Haar im Tempel wiegen. Das Gegengewicht in Silber erhielt der Wächter der Katzen, der sie dafür mit Fisch fütterte.
Tempel- wie auch Hauskatzen wurden mit den Grabriten des alten Ägypten bestattet. Viele ließen ihre Katzen in Bubastis begraben, wo weitläufige Katakomben mit Hunderttausenden von Katzenmumien gefunden wurden, einbalsamiert und in Reihen übereinander gelagert. Seinerzeit maß man dem Fund keine Bedeutung bei und verwendete die Kadaver als Düngemittel. Nur wenige blieben erhalten. 1952 wurde eine Kiste mit Tiermumien im Britischen Museum entdeckt. Sie war 50 Jahre früher aus Gizeh (nicht aus Bubastis) geliefert worden und enthielt 192 mumifizierte Katzen, 7 Mungos, 3 Hunde und einen Fuchs. Vier der Katzen wurden als Rohrkatzen (*Felis chaus*) identifiziert, bei den anderen schien es sich um ein Zwischenstadium zwischen der afrikanischen Falbkatze (*Felis libyca*) und der modernen Hauskatze zu handeln. Nicht nur Tempelkatzen erfreuten sich hoher Achtung. Wer einer Katze etwas zuleide tat, konnte streng bestraft werden und wenn eine Hauskatze starb, rasierte sich der ganze Haushalt zum Zeichen der Trauer die Augenbrauen ab. Auf einem Gemälde macht eine Katze im Papyrusdickicht des Nildeltas Jagd auf wilde Vögel. Auf einem Boot steht ein Mann, den Bumerang wurfbereit in der Hand. Man darf daraus schließen, daß die Ägypter Katzen zur Jagd abrichteten. Nach dem griechischen Geschichtsschreiber Plutarch achteten die Ägypter seiner Zeit sorgfältig darauf, nur Katzen mit zueinander passendem Charakter zu paaren.

Rechte Seite: Eine Wandmalerei in einem Grab in Theben zeigt einen Mann, der vom Papyrusfloß aus wilde Vögel jagt. Er holt sie mit dem Bumerang aus der Luft, und die Katze bringt sie ihm.

Katzen in Griechenland und Rom

Die Griechen scheinen von Katzen nicht sehr begeistert gewesen zu sein. Aus der Literatur sind kaum Bezüge überliefert, nur ein Dichter aus Rhodos macht einem Ägypter gegenüber eine charakteristische Bemerkung: »Dir treibt der Anblick einer kranken Katze die Tränen in die Augen. Ich dagegen würde ihr mit Vergnügen das wertvolle Fell über die Ohren ziehen.« Auf einem Relief am Sockel einer griechischen Statue sind Männer abgebildet, die einen Hund und eine Katze an der Leine halten und sie anscheinend aufeinanderhetzen. Wenigstens eine Katze aus Athen scheint jedoch geliebt worden zu sein, denn sie ist auf dem Grabstein ihres Besitzers abgebildet.

Auch auf einer oder zwei Vasenmalereien aus griechischen Kolonien in Italien sind Katzen dargestellt. Es waren jedoch die Römer, die die Katze begeistert als Haustier und als religiöses Symbol aufnahmen.

Ägypten und Rom waren nicht die einzigen Kulturen, die der Katze göttliche Ehren erwiesen. In China trat ein Gott der Landwirtschaft in Katzengestalt auf. Die Peruaner kannten einen katzenartigen Gott der Begattung. Andere Mitglieder aus der Familie der Katzen spielten eine Rolle in der Religion der Inkas und Azteken. In Irland gab es einen katzenköpfigen Gott, und der Wagen einer skandinavischen Göttin wurde von Katzen gezogen. Eine Katze zu opfern und sogar zu essen, gehörte zu den Fruchtbarkeitsriten, die in einigen Teilen Europas eine gute Ernte sichern sollten.

Dieses Relief befindet sich an einem Statuensockel aus der Zeit vor 480 v. Chr. Es wurde in der alten Stadtmauer von Athen gefunden und zeigt eine Gruppe junger Griechen, die anscheinend einen Hund und eine Katze aufeinanderhetzen. Es ist jedoch nicht ganz klar, ob es sich bei dem Tier rechts wirklich um eine Katze handelt.

Katzen und die Zauberei

Die Römer setzten die ägyptische Göttin Bast der Artemis oder Diana, der Mondgöttin, gleich. Sie wiederum wurde der Hekate, der obersten Zauberin, gleichgesetzt. Für die christliche Kirche bestand eine Verbindung zwischen Katze und Heidentum, und sie versuchte, die von ihrem Bild ausgehende Macht zu unterdrücken. Noch gegen Ende des 15. Jahrhunderts gab Papst Innozenz VII. der Inquisition Anweisung, nach Katzenanbetern zu fahnden. Im Mittelalter glaubten französische Bauern, die Katze schlafe am Tag, damit sie sich bei Nacht ihrer Aufgabe widmen könne, böse Geister vor jedem Eindringling zu warnen und ihnen die Flucht zu ermöglichen. Viele glaubten, der Teufel selbst erscheine in Gestalt einer - meist schwarzen - Katze. Einige Mitglieder des religiösen und militärischen Ordens der Tempelritter, die bei den Kreuzzügen eine Rolle spielten, »bekannten« unter der Folter, sie hätten den Teufel in dieser Form angebetet.

Das Erscheinen des Teufels in Gestalt einer schwarzen Katze soll auch 1344 im französischen Metz zum Ausbruch des Veitstanzes, einer Nervenkrankheit, geführt haben. Über 400 Jahre lang wurden daraufhin alljährlich am 24. Juni 13 Katzen lebendig auf dem Marktplatz verbrannt. Eine ähnliche Zeremonie ist aus Luxemburg bekannt. In Paris verbrannte man einen Tag später, an Johanni, ein Faß oder einen Sack voll lebender Katzen auf dem Place de Grève. Das Datum - die Sommersonnenwende - in Verbindung mit einem Freudenfeuer legt den Gedanken an

Dieser Holzschnitt aus dem 17. Jahrhundert zeigt die drei Hexen Anne Baker, Joan Willimot und Ellen Green aus dem mittelenglischen Leicestershire. Ellen »bekannte« 1618, von Joan zwei Geister in Gestalt einer Katze und eines Maulwurfs erhalten zu haben. Als weitere Hausgeister sind ein Hund, eine Eule und eine Ratte abgebildet.

vorchristliche Bräuche nahe. In diesen wie in anderen Zeremonien – z.B. in Ypern in Belgien, wo man Katzen vom Kirchturm warf, oder in Store Magleby in der Nähe von Kopenhagen, wo Reiter ein Faß mit einer lebenden Katze herumrollten, – ging es aber letztlich darum, daß die Menschen sich vom Bösen, personifiziert in der Katze, befreien wollten. Die Verfolgung der Katze durch die christliche Kirche führte in Europa zu einer Vermehrung der Ratten, was wiederum die Verbreitung von Pestepidemien begünstigte.

Auch in England wurden Katzen gequält. Bei der Krönung Elisabeths I. wurde im Krönungszug eine Nachbildung des Papstes mitgeführt, in das man lebende Katzen gesperrt hatte. Die Figur wurde später verbrannt, und das jämmerliche Geschrei der armen Katzen sollte die Schreie der Teufel darstellen, die im Körper des Papstes hausten.

Im kontinentalen Europa glaubte man allgemein, daß der Teufel in Gestalt einer Katze auftreten und eine Hexe sich in eine Katze verwandeln könne. In England dagegen hielt man Katzen und anderes kleineres Getier vielfach für die Verkleidung, in der Teufelsdiener eine Hexe aufsuchten. Jede Hexe mußte solch ein Tier besitzen, und so kam es, daß manche einsame alte Frau, die sich ein Haustier hielt, gleich als Hexe angeklagt wurde. Ihren Höhepunkt erreichten diese Anklagen gegen Ende der Regierung Elisabeths I. und unter James I. von England (James VI. von Schottland), der sich als Autorität auf dem Sektor Zauberei fühlte. Der Hexenwahn griff auch auf die englischen Kolonien in Nordamerika über und führte auch dort zu Hexenprozessen, von denen die in Salem, Massachusetts, im Jahre 1692 am berühmtesten wurden.

Katzen als Gefährten
Aber nicht einmal in Europa war die Haltung der Kirche gegenüber Katzen für alle verbindlich. Wäre sie es gewesen, hätte auch kein Anlaß bestanden, sie zu verfolgen. Im Volk war die Überzeugung, daß Katzen Glück bringen, nicht auszurotten. Besonders in Südfrankreich war der Glaube an Zauberkatzen, die »matagots«, verbreitet. Sie brachten dem Haus, das sie liebevoll und gastfreundlich aufnahm, Glück und Reichtum. Solche Katzen tauchen in der Folklore vieler Länder der Welt auf. Die berühmtesten sind wahrscheinlich der Gestiefelte Kater, der seinem Herrn ein Königreich gewann, und die Katze von Dick Whittington, die ihren Herrn zum reichen Kaufmann und Lord Mayor von London machte. Es gab wirklich einen Lord Mayor namens Whittington, aber sonst scheint es sich bei der Geschichte um die anglisierte Version eines persischen Märchens zu handeln.
Nicht alle Kleriker waren auch Katzengegner. Katzen waren die einzige Gesellschaft, die den Einsiedlerinnen des Zisterzienser-Ordens gestattet war, und als sich im 6. Jahrhundert Papst Gregor I. in eine Mönchszelle zurückzog, war eine Katze seine einzige Begleiterin. Ein irischer Mönch, der sein Leben mit der Abschrift von Manuskripten zubrachte, schrieb auf Irisch ein Gedicht über seine Katze:

»Meiner Katze Pangur Ban und mir
Macht das gleiche Ding Plaisir:
Die Jagd auf Mäuse ihr gefällt,
Die Jagd nach Worten ist meine Welt ...«

Großer Wert wurde den Katzen nach walisischem Recht im 10. Jahrhundert beigelegt, und hundert Jahre zuvor hatte Heinrich I. von Sachsen das Töten einer ausgewachsenen Katze mit einer Buße von 60 Bündeln Korn belegt. Die Nützlichkeit der Katze als Mäusefänger wurde nie ganz übersehen. Die, die die Hilfe der Katze am meisten zu schätzen wußten, die frei von Aberglauben oder so mächtig waren, daß sie keine Anklage wegen Zauberei zu fürchten brauchten, entwickelten manchmal Zuneigung zu ihren Haustieren. Auch Papst Leo XII. hatte eine Katze, Micetto mit Namen, die im Vatikan, in der Sixtinischen Kapelle, zur Welt kam. Sie wurde in den Falten seines Gewandes groß und war dabei, wenn er Audienz gab. Kardinal Wolsey hatte eine Katze, die ihn zum Gottesdienst begleitete. Kardinal Richelieu hatte einmal mindestens 14 Katzen, mit denen er jeden Morgen zu spielen pflegte.
Zu den Katzenfreunden zählen Prälaten, Monarchen und Staatsmänner. Slippers, die Katze von Präsident Roosevelt, war häufiger Dinnergast im Weißen Haus. Sir Winston Churchill hatte einen roten Kater, der im Zweiten Weltkrieg manchmal an Kabinettssitzungen teilnahm. Ein weiterer britischer Premierminister, Harold Wilson, nahm seine Siamkatze mit nach Downing Street. Der französische Premierminister Georges Clémenceau hielt im Elysée-Palast eine blaue Perserkatze. Der italienische Diktator Mussolini gehört ebenso zu den Katzenliebhabern unter den Politikern wie der russische Revolutionär Lenin.
Wie jeder Katzenbesitzer weiß, erwidern Katzen Anhänglichkeit und Zuneigung. Als William Shakespeares Gönner Sir Henry Wriothesley, der

3. Earl of Southampton, wegen seiner Beteiligung an einem Aufstand gegen Elisabeth I. in den Tower geschickt wurde, stahl sich seine Lieblingskatze in den Tower, kletterte einen Kamin hinunter und fand den Weg in seine Gefängniszelle. Zuvor hatte schon einmal ein anderer Gefangener im Tower, Sir Henry Wyat, mit einer Katze Freundschaft geschlossen. Sie fing Tauben für ihn und besserte damit seine magere Kost auf. In einem Irrenhaus gefangen war im 18. Jahrhundert der Poet Christopher Smart. Sein Gefährte wurde der Kater Jeoffrey, der ihn zu einem berühmten Gedicht inspirierte.

Viele Persönlichkeiten der Literatur, von der Klassik bis zur Gegenwart, haben Katzen geliebt und über sie geschrieben. Dr. Samuel Johnson kaufte seinem Kater Austern. Die französische Schriftstellerin Colette hatte beim Schreiben oft eine Katze am Ellenbogen. Charles Dickens, William Makepeace Thackeray, Honoré de Balzac... Namen ohne Ende. Zahlreiche Gedichte und Geschichten gibt es über Katzen, von den Fabeln des Äsop bis zur Katze in Lewis Carrolls »Alice im Wunderland«. Maler und Bildhauer, von den alten Ägyptern bis zu den großen Meistern wie Pieter Breughel und Leonardo da Vinci und den Karikaturisten Ronald Searle und Kliban, haben Katzen abgebildet. Manche Künstler wie z.B. Theophile Steinlen und Louis Wain waren auf Katzenzeichnungen spezialisiert. Postkarten mit den Katzenbildern von Louis Wain sind heute gesuchte Sammlerobjekte.

Katzen im Fernen Osten

Ein Künstler, der Katzen offensichtlich liebte und in Gemälden und Holzschnitten immer wieder abbildete, war der Japaner Kuniyoshi (1797–1861) Er malte Katzen in häuslicher Umwelt und Katzen, die sich wie Menschen im Alltag benahmen. Auf mindestens fünf seiner Selbstporträts ist auch eine der Katzen zu sehen, die das Studio mit ihm teilten. Mit Katzen illustrierte er Sprichwörter, und Katzen aus japanischen Mythen und Legenden waren sein Lieblingsmotiv.

Wie die Europäer glaubten auch die Japaner, daß Zauberinnen Katzen sein könnten, sie hielten es aber eher für möglich, daß sich Katzen in Menschen verwandelten als umgekehrt. Sie glaubten auch an Teufelskatzen, die leicht an ihrem Doppel-Schwanz zu erkennen waren. Katzen, besonders schildpattfarbene, konnten Glück bringen und waren besonders bei Seeleuten als Maskottchen beliebt. Angeblich konnten sie Stürme vorausfühlen und sogar die Sturmdämonen in die Flucht schlagen, wenn man sie auf die höchste Mastspitze schickte.

Der Legende nach wurde die erste Katze von Kaiser Ichijo im 10. Jahrhundert in Japan eingeführt; in Wirklichkeit waren sie aber wahrscheinlich schon einige hundert Jahre früher bekannt. Es handelte sich um eine weiße Katze aus China, und als sie im kaiserlichen Palast zu Kyoto fünf schneeweiße Junge warf, befahl der Kaiser, sie mit ebensoviel Sorgfalt großzuziehen wie die Kinder der kaiserlichen Familie.

Katzen wurden in Japan zu verhätschelten Haustieren. Mit Hilfe von Statuen und Tonfiguren glaubte man, Getreideernten und Seidenraupen vor Ratten und Mäusen schützen zu können. Verständlicherweise erwie-

Eine von Sir John Tenniels Illustrationen zu dem berühmten Kinderbuch »Alice im Wunderland« von Lewis Carroll (1865) zeigt Alice mit der Edamer Katze, die langsam verschwindet bis zum Schluß nur noch ihr Grinsen übrig ist. Der Autor beschreibt typisches Katzenverhalten: »Nun also«, fuhr die Katze fort, »siehst du: ein Hund knurrt, wenn er zornig ist, und wedelt mit dem Schwanz, wenn er sich freut. Ich dagegen knurre, wenn ich mich freue, und wedle mit dem Schwanz, wenn ich zornig bin. Folglich bin ich verrückt.« »Ich nenne das schnurren, nicht knurren«, sagte Alice. »Nenn es, wie du willst«, sagte die Katze.

sen diese sich aber als nicht allzu nützlich. Schließlich trat zu Anfang des 17. Jahrhunderts ein Gesetz in Kraft, nach dem alle Katzen in Freiheit zu setzen waren. Sie durften weder verkauft noch verschenkt werden. Damit erhielten sie wieder Gelegenheit, ihre Fähigkeiten als Jäger zu beweisen und sich einen Platz in jedem Heim, ob hoch oder niedrig, zu verdienen. Vielleicht war die Abkapselung des japanischen Inselreiches der Grund, warum sich dort eine eigene Katzenrasse entwickelte, die japanische Stummelschwanzkatze, die es nirgends sonst gibt. Für die Japaner ist sie nichts Besonderes; sie taucht auf vielen älteren Gemälden und Drucken auf. Von anderen Rassen unterscheidet sie sich durch ihren kurzen Schwanz (s.S. 120–121).

In der christlichen Kirche erwuchsen der Katze viele Gegner, bei den östlichen Religionen scheint sie jedoch willkommen gewesen zu sein. Die Birmakatze soll von südostasiatischen Tempelkatzen abstammen (s.S. 90), und in jedem japanischen Tempel wurden Katzen gehalten, um heilige Schriften vor Nagern zu bewahren. In einem unbedeutenden

In Südfrankreich glaubten die Menschen an Zauberkatzen, die »matagots«. Berühmtester Vertreter dieser Spezies ist der Gestiefelte Kater, hier auf einem Stich des französischen Künstlers Gustave Doré (1832–83). Durch seine List erringt er für seinen armen Herrn Ruhm und Wohlstand. Die Geschichte gehört – auch mit anderen Helden – zum Volksgut vieler Nationen.

Tempel soll es eine Wächterkatze gegeben haben, die es darauf anlegte, die Aufmerksamkeit der vorüberkommenden Reisenden zu erregen, sie in den Tempel zu locken und zu einem Geldopfer für den Tempel zu bewegen. Die Katze wurde bald berühmt und der Tempel reich. Heute liegt neben diesem Tempel in Tokio ein bekannter Katzenfriedhof. Katzenliebhaber aus ganz Japan bringen im Tempel Opfer dar, damit ihre Katze in den Himmel kommt. Die Tempelfassade zeigt die berühmte Katze, die eine Pfote in einer Geste des Willkommens hebt.

Haustier ohnegleichen

Ob Dämon oder Wächter, Mäusefänger oder verhätschelter Liebling – an Katzen scheiden sich noch heute die Geister. Manche Leute können Katzen nicht ausstehen, zum Teil mit gutem Grund, weil sie nämlich gegen das weiche Katzenfell allergisch sind. Für Katzenliebhaber sind sie weit mehr als nur klug und elegant. Sie bieten Gesellschaft, Unterhaltung und eine wohlige Sinnlichkeit wie kein anderes Tier. Der Amerikaner Mark Twain drückte es so aus: »Ein Heim ohne Katze, und zwar eine wohlgenährte, geliebte und gehätschelte Katze, mag ein vollkommenes Heim sein, vielleicht – wie aber kann es beweisen, daß es ein Heim ist?«

Die Entwicklung der Rassen

Alle modernen Spielarten der Hauskatze gehören derselben Spezies an. Sie sind mit den Wildkatzen der alten Welt eng verwandt, aber über das genaue Verwandtschaftsverhältnis sind sich die Zoologen noch nicht ganz einig. Das Problem wird nämlich dadurch kompliziert, daß sich Hauskatzen auch mit Wildkatzen paaren können. Manche Systematiker stecken die Europäische Wildkatze *(Felis silvestris)* und die Afrikanische Wildkatze *(Felis libyca)* in ein Fach und machen sie zusammen mit der Hauskatze zu Unterarten. Die Europäische Wildkatze kommt nicht nur in Europa vor, sondern ist über ganz Asien bis hin nach China verbreitet. Die afrikanische Wildkatze, auch Falbkatze genannt, kommt bis nach Südostasien und Indien vor. Nach Meinung einiger Experten gehört die Europäische Wildkatze nicht zu den Vorfahren der Hauskatze, weil sich die Schädelformen unterscheiden. Auch die mumifizierten ägyptischen Katzen sprechen dafür (s.S. 26), daß die Hauskatze von der Falbkatze abstammt, obwohl auch Mumien der Rohrkatze *(Felis chaus)* gefunden wurden, die von Ägypten bis Vietnam zu Hause ist und demnach ebenfalls domestiziert wurde. Auch die chinesische Gobikatze *(Felis bieti)* des Fernen Ostens und andere regionale Arten mögen sich mit Hauskatzen gepaart und so in bestimmten Bereichen zur Entwicklung der Hauskatze beigetragen haben.

Die ersten Hauskatzen

Die ersten Hauskatzen, von denen man weiß, gab es in Ägypten. Wahrscheinlich kamen sie von Afrika nach Europa und traten von dort ihren Siegeszug um die Welt an. Allerdings wird auch behauptet, sie seien in

Sowohl die Europäische Wildkatze als auch die Falbkatze lassen sich mit der Hauskatze kreuzen, die wahrscheinlich von der Falbkatze abstammt.

China schon um 1000 v. Chr. domestiziert worden. Das würde bedeuten, daß sie im Osten unabhängig von der Entwicklung in Europa domestiziert wurden. Nicht geklärt ist, warum die Katzen in Europa hauptsächlich kurzhaarig sind, während sie im Fernen Osten langhaariger und graziler sind. Aus Gemälden, Reliefs und Mosaiken wissen wir, wie Katzen vor langer Zeit ausgesehen haben. Ägyptische Katzen sind abgebildet mit Flecken und Streifen wie die Falb- oder Rohrkatze, die heute in den verschiedensten Fellfarben vorkommen. Manchmal wirken sie recht plump, aber meist haben sie ziemlich lange Beine, einen langen, dünnen Schwanz und große Ohren. Auch griechische Katzen wirken auf den wenigen vorhandenen Abbildungen recht geschmeidig. Auf Mosaiken, die in Rom oder Pompeji – zerstört 72 n. Chr. – ausgegraben wurden, sind gestromte bzw. getigerte Katzen zu sehen. Das gestreife Fell, das dem der

Die »Anbetung der Könige« von Jan Breughel (1568–1625) aus dem Jahre 1598 zeigt eine Katze im Giebelausschnitt des Stalls. Ihr blaugraues Fell mag für die europäischen Katzen des Mittelalters typisch gewesen sein.

Europäischen Wildkatze ähnelt, vererbt sich am durchschlagendsten. Die auf mittelalterlichen Reliefs oder in Handschriften abgebildeten Tiere sind teilweise nur deshalb als Katzen zu erkennen, weil sie Mäuse fangen - von einer Porträtähnlichkeit kann keine Rede sein.
Im 16. Jahrhundert aber malten viele Künstler realistische Szenen von Katzen in häuslicher Umgebung. Bei Studien zu einer Madonna mit Kind malte Leonardo da Vinci auch eine Katze, und bei niederländischen und flämischen Künstlern taucht die Katze vielfach in häuslichen Szenen auf. Oft handelt es sich dabei um gestreifte Katzen. Erstaunlicherweise hebt aber der englische Altertumsforscher John Aubrey trotz dieser Dominanz des Tigerfells eben diese Zeichnung bei zwei Katzen, die Erzbischof Laud 1630 zum Geschenk erhielt, als besonders erwähnenswert hervor. Die »gewöhnliche englische Katze« beschreibt er als »... weiß

mit bläulichen Flecken, vom Blau des Fichtenharzes. Sie ist heutzutage so gut wie ausgestorben«. Aubrey schrieb dies später, als Tigerkatzen oder, wie er sie zuerst nannte, »Zypernkatzen«, schon recht verbreitet waren. Edward Topsell, ein anderer englischer Autor, veröffentlichte 1607 ein Buch über Tiere, in dem von »Katzen verschiedener Färbung, meist aber weißlich grau, wie ein Eisklumpen« die Rede ist. Schwarze Katzen, die ihm zufolge aus Spanien kamen, wurden getrennt behandelt, und auf einem Holzschnitt ist eine getigerte Katze zu sehen.
Beschreibungen wie »Eisklumpen« und »Fichtenharz« lassen an die hellgraue Färbung denken, die bei Katzenliebhabern »blau« heißt. In den letzten 150 Jahren soll der Bestand an blauen Katzen in London erheblich abgenommen haben, während es in Nordamerika im Verhältnis viel mehr davon zu geben scheint als in England. Zur Erklärung solcher regionaler Unterschiede wurden verschiedene Theorien aufgestellt. Eine lautet, daß ein einmal etablierter Katzenbestand, sich selbst überlassen, in Farbe und Muster konstant bleibt, obwohl in Städten, wo man häufiger dunkle Fellfarben findet, eine größere Neigung zu Veränderungen feststellbar ist. Da Europa früher und in größerem Maße urbanisiert wurde, entspricht die Farbverteilung unter den heutigen amerikanischen Katzen einer Theorie zufolge etwa der zu Mitte des 17. Jahrhunderts in Europa. Zu diesem Zeitpunkt wurden die ersten Katzen aus der Alten Welt über den Atlantik in die Neue Welt gebracht.
Zu Beginn des 18. Jahrhunderts stellte der französische Naturforscher Georges Buffon die Theorie auf, daß verschiedene Gegenden der Welt verschiedenfarbige Katzen hervorbrächten. So wurden die blauen Katzen, die in Frankreich »Chartreuse« (Kartäuser) hießen, Südafrika zugeschrieben. Die Kartäuser sollen auch tatsächlich aus Südafrika importiert worden sein. Spanische Katzen wurden oft als rot, schwarz und weiß be-

Die Ägypter verehrten die Katzengottheit, aber Katzen wurden auch witzig dargestellt. Auf diesem Papyrus des Museums in Kairo dienen Katzen als Kindermädchen für Mäusebabys und als Zofen für Frau Maus.

schrieben, wobei die Farben eher zu schwarz als zu braun und eher zu weiß als zu grau tendierten. In Syrien dagegen seien die Katzen meist heller. Nach einer anderen Theorie kam es in heißen Gegenden eher zu permanenten Veränderungen. Buffon erwähnt auch eine chinesische Katze mit langem Fell und Hängeohren, ergänzt dies einige Jahre später aber durch die Bemerkung, es könne sich auch um eine andere Art, die er »Sumxu« nannte, handeln; diese sei ebenfalls domestiziert und der Katze sehr ähnlich. Sicherlich darf man nicht all diese überlieferten Theorien als wissenschaftlich gesichert ansehen. Die langhaarigen Katzen, die in Europa im 16. Jahrhundert auftauchten, scheinen aber tatsächlich aus dem Mittleren Osten eingeführt worden zu sein. Bei Buffon finden wir die »Chorozan« aus Persien, die ihm zufolge langes, blaugraues Fell hatte, und die Angorakatze, als deren Heimat er Syrien bezeichnete. Manche Katzenarten kamen von bestimmten Orten nach Europa und Nordamerika; von ihnen ist später noch die Rede. Da sich die Katzen im Gefolge des Menschen über die ganze Welt verbreitet und wahrscheinlich immer wieder mit Wildkatzen gekreuzt haben, gibt es jedenfalls heute Hauskatzen unterschiedlichster Typen und mit den verschiedensten Fellfarben, und zwar ganz unabhängig von der geographischen Lage.

Die ersten Katzenausstellungen

Das Neue und Exotische erregte im 17. und 18. Jahrhundert zwar Aufmerksamkeit, aber das Interesse ging nicht so weit, einen bestimmten Katzentyp nach einem Rassenstandard zu züchten und die Zuchtexemplare miteinander zu vergleichen. Damit begann man erst im 19. Jahrhundert.

Die erste Katzenausstellung der Welt fand 1871 im Kristallpalast in London statt; 170 Katzen stellten sich zum Wettbewerb. Um eine Veranstaltung dieser Größenordnung zu organisieren, muß es schon vorher eine lose Verbindung unter den Katzenbesitzern und -liebhabern gegeben haben. Der erste größere Katzenclub, der *National Cat Club,* wurde jedoch erst 1887 gegründet und legte ein Register und einen Abstammungsnachweis für Katzen an. In den USA fand die erste Katzenausstellung 1884 im Rahmen einer größeren Tier- und Viehausstellung statt. 1895 organisierte ein Engländer in New York die erste Ausstellung ausschließlich für Katzen. Der erste amerikanische Katzenclub, der *Beresford Cat Club* in Chicago, wurde 1889 gegründet.

Verbände und Vereine

Im 20. Jahrhundert haben sich überall in der Welt Katzenliebhaber zu Vereinen und Verbänden zusammengeschlossen, die die Interessen ihrer Mitglieder vertreten und Ausstellungen arrangieren. In England sind alle einer großen nationalen Organisation, dem 1910 gegründeten *Governing Council of the Cat Fancy* (GCCF) angeschlossen. In Kanada und den USA sind eigene Vereine entstanden. In Kontinentaleuropa gibt es die *Fédération Internationale Féline d'Europe* (FIFE) mit 18 Mitgliedern aus 17 Ländern, aber daneben gibt es auch noch weitere eigenständige

Die erste richtige Katzenausstellung fand 1871 in London statt.

Verbände. Die übrige Welt hat ihre eigenen Organisationen, die teilweise dem britischen Dachverband angeschlossen sind.
Jede dieser Organisationen entscheidet, welche Katzentypen sie für offiziell annehmbar hält, und legt für jede Rasse genaue Beschreibungen fest, denen die Züchter dann zu entsprechen versuchen.
Katzenzüchter lassen ihre Katzen und deren Nachwuchs bei der Vereinigung, zu der sie gehören, eintragen und erhalten dafür Papiere. Daraus ergibt sich für alle einer bestimmten Organisation unterstehenden Katzen ein weit zurückreichendes Verzeichnis ihrer Abstammung, die - zumindest für die letzten Generationen - auch in den Papieren jeder Katze aufgezeichnet sind. Alle Katzen haben eine Abstammung - falls es irgend jemand der Mühe wert gefunden hat, sie aufzuzeichnen. Gewöhnlich spricht man aber nur bei reingezogenen Katzen von Stammbaum oder »Papieren«, d.h. wenn die Vorfahren generationenlang derselben Rasse angehörten und die Katzen dem von der Organisation festgelegten Standard entsprechen. Diese Standards sind sich von Organisation zu Organisation recht ähnlich, können aber in Kleinigkeiten voneinander abweichen. Manche Katzentypen werden auch nicht von allen Verbänden als offizielle Rassen anerkannt. In Nordamerika gibt es eine Anzahl weitverbreiteter Gruppen, die in Europa nicht anerkannt werden, und umgekehrt sind manche europäischen Katzenrassen in Nordamerika unbekannt.

Wechselnder Standard
Für einige der älteren Rassen hat sich der Standard mit den Jahren etwas geändert. Es sind neue Rassen und Fellfarben aufgetreten, manchmal

durch die Einfuhr neuer Katzen aus dem Ausland, manchmal durch die Weiterentwicklung eines Typs, der zufällig, als Laune der Natur entstand. Manchmal wurde ein neuer Typ auch bewußt herausgekreuzt. Die Regeln, nach denen eine neue Farbe oder ein neuer Typ als offizielle Rasse anerkannt wird, sind bei jeder Organisation verschieden. Die Anerkennung hängt z.B. davon ab, über wie viele Generationen sich der Typ nachweislich rein vererbt hat und wie viele Katzen dieses Typs bei der Organisation eingetragen sind. Alle derzeit anerkannten Rassen sind auf den S. 46–121 im einzelnen beschrieben.

Zucht und Vererbung

Bau und Form jedes Lebewesens sind festgelegt durch Instruktionen, die in den von beiden Elternteilen im Augenblick der Paarung oder Befruchtung ererbten lebenden Zellen enthalten sind. Träger dieser Information sind die Chromosomen im Zellkern jeder einzelnen Körperzelle. Jede Zelle besitzt 19 Chromosomenpaare, und jedes Chromosom trägt einen Satz Gene, von denen jedes seine Entsprechung in einem Gen des gegenüberliegenden Chromosoms hat. Die Gene sind die Instruktionen, denen das neue Leben folgt.

Wenn sich im Verlauf des Körperwachstums und der Körpererneuerung jede Zelle wieder teilt, verdoppeln sich die Chromosomen und damit ihre genetische Information. Bei den Keimzellen, die sich bei der Paarung vereinigen und woraus die nächste Generation entsteht, wird nur die Hälfte der Gene - eines aus jedem Paar - verdoppelt. Bei der Vereinigung dieser Zellen entsteht ein neuer Satz von 38 Chromosomen, 19 von jedem Elternteil. Die Entwicklung des Kätzchens hängt von der in allen 38 Chromosomen enthaltenen Information ab.

Der genetische Code männlicher und weiblicher Tiere weicht insofern voneinander ab, als bei dem weiblichen Wesen alle 19 Chromosomenpaare aus identischen Paaren bestehen, während beim männlichen Wesen ein Paar ungleich ist und aus einem X- und einem Y-Chromosom besteht. Weibliche Wesen haben zwei X-Chromosomen. Wenn sich bei der Produktion von Sperma die männliche Zelle teilt, trägt eine Hälfte das X- die andere das Y-Chromosom. Das Geschlecht des neuen Kätzchens hängt davon ab, ob die befruchtende männliche Samenzelle ein X-Chromosom enthält, das sich mit dem weiblichen X wiederum zu einem weiblichen Wesen verbindet, oder ein Y, aus dem in Verbindung mit dem weiblichen X ein männliches Wesen wird. Gewisse genetische Informationen werden nur von X-Chromosomen übertragen. Die Vererbung gewisser Merkmale ist also an ein bestimmtes Geschlecht gebunden.

Manchmal kann die Strahlung einer Atombombenexplosion, eines Kernreaktors oder sogar eines Röntgengerätes das genetische Gewebe verändern oder beschädigen, so daß eine Abweichung, eine Mutation entsteht. Das kommt auch spontan vor, und so spielt sich die natürliche Evolution ab. Mit Ausnahme dieser Fälle weist ein Kätzchen immer die Merkmale der Eltern auf. Allerdings müssen sie nicht immer klar erkennbar sein, denn nicht alle Gene setzen sich gleich durch.

Dominante und rezessive Gene

Es gibt dominante und rezessive Gene. Dominate Gene behalten gegenüber jeder anderslautenden Anweisung vom Gen des anderen Elternteils die Oberhand. Rezessive Gene ordnen sich unter, die Information bleibt aber auch weiterhin in jeder Zelle enthalten. Wenn es in einer späteren Generation auf ein passendes Gen trifft, kommt die Anweisung zur Ausführung. Beim Aufeinandertreffen gleichstarker Anweisungen kann es zu einer Halbierung kommen.

Bei Katzen ist Kurzhaar dominant gegenüber Langhaar. Haarlosigkeit und ein Fell wie das der Rex-Katzen (s. S. 69–70) sind rezessiv. Die Farbe Weiß ist allen anderen Farben gegenüber dominant. Warum gibt es dann nicht mehr weiße Katzen? Vielleicht deshalb, weil eine weiße Katze mehr auffällt und deshalb auf der Jagd weniger Erfolg hat. Vielleicht hängt es aber auch damit zusammen, daß schneeweißes Fell und blaue Augen oft in Verbindung mit Taubheit auftreten. Bei den meisten nicht reinrassigen Katzen sind wahrscheinlich Gene für andere Fellfarben vorhanden, und reinweiße Katzen wird man im allgemeinen nur mit ebenso reinweißen Exemplaren kreuzen. Viele Katzen weisen jedoch große weiße Flecken oder weiße Tupfen auf. Wenn weiß erst einmal in einer Zuchtrichtung vorkommt, ist es schwer zu eliminieren. Es kommt besonders am Kinn, an der Kehle oder der Brust, nicht ganz so dominant an den Pfoten und am Bauch, immer wieder zum Vorschein. Von den anderen Farben ist Schwarz dominant gegenüber allen außer Weiß und Rot. Ein einfarbiges Fell ist dominant gegenüber einer auf bestimmte Körperteile beschränkten Färbung wie z. B. bei den Siamesen. Getigertes Fell dominiert über nicht getigertes. Es gibt auch Gene, die die Kraft anderer Farben verdünnen, so daß aus Schwarz z. B. Schokoladenbraun oder Graublau oder aus Rot Creme wird.

Das blaue Fell des linken Kätzchens ist eine verdünnte Form der schwarzen Fellfarbe. Weiße Katzen mit blauen Augen sind sehr oft taub, weist das Fell aber einen Anflug von Farbe auf, wie hier den grauen Fleck zwischen den Ohren des rechten Kätzchens, kann das Gehör in Ordnung sein. Der Fleck verschwindet allmählich, und die ausgewachsene Katze ist reinweiß.

Kommen bei der Paarung ein dominantes und ein rezessives Gen zusammen (s. Diagramm), bestimmt das dominante Gen das Fell oder die Zeichnung der Nachkommen. Die zweite Information wird rezessiv an spätere Generationen weitervererbt.

Vererbungslehre in der Praxis

Viel Forschungsarbeit wurde und wird auf dem Gebiet der Vererbung bei Katzen geleistet. Detaillierte Informationen sind den Spezialveröffentlichungen zu entnehmen, aber eine ungefähre Vorstellung ihrer Wirkungsweise mag sich aus den folgenden Beispielen ergeben.

Kreuzt man z.B. eine schwarze Katze mit lauter schwarzen Vorfahren mit einer getigerten Katze mit lauter getigerten Vorfahren, kommen lauter getigerte Junge zur Welt. Kreuzt man aber diese Jungen, die alle Gene sowohl für schwarz als auch für Getigert tragen, miteinander, kommen auf ein schwarzes Junges drei getigerte. Kreuzt man diese Jungen wieder mit rein schwarzen Katzen, ist das Verhältnis von Schwarz zu Getigert wahrscheinlich eins zu eins.

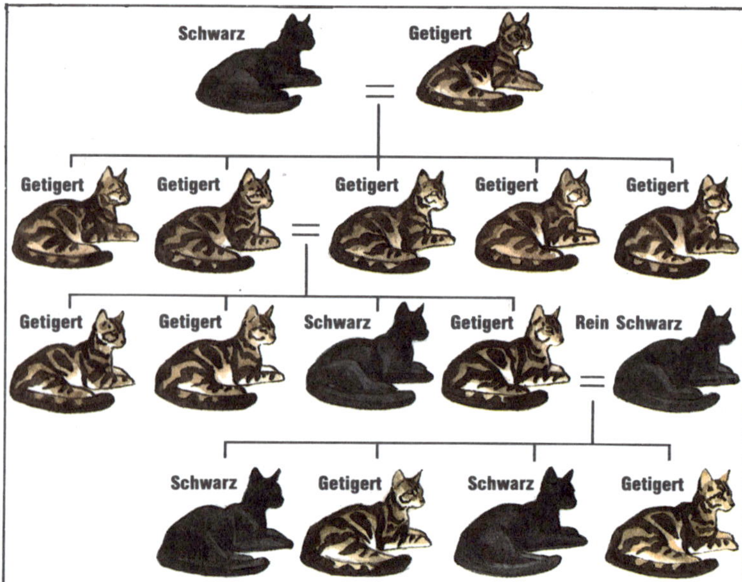

Paart man eine schwarze und eine getigerte Katze, die beide keine rezessiven Gene für Farbe tragen, werden alle Jungen getigert. Diese Generation trägt aber beide Gene in sich, so daß das Schwarz in der nächsten Generation wieder erscheinen kann. Paart man eine Katze der dritten Generation mit einer ganz schwarzen Katze, wird wahrscheinlich eine Hälfte der Nachkommen schwarz, die andere getigert.

Aus einer Kreuzung von blauen und schokoladenbraunen Katzen können schwarze Junge entstehen, weil beide Farben verdünnte Formen von Schwarz sind. Bei einer Kreuzung dieser Jungen untereinander erhält man schwarze, blaue, schokoladenbraune und sogar lilafarbene Junge, wenn nämlich eine Katze mit zwei Genen für Blau mit einer mit Genen für Schokoladenbraun zusammenkommt.

Bei der roten Fellfarbe, ihrer verdünnten Form Creme und der Schildpattmischung von Rot, Creme und Schwarz wird die Vererbung zusätzlich dadurch kompliziert, daß das Rot an X-Chromosomen als Träger gebunden ist, so daß weibliche rote Katzen nur dann entstehen, wenn beide Elternteile eine Veranlagung für Rot haben. Aus der Kreuzung eines schwarzen Katers mit einer roten Kätzin können rote Kater, schildpattfarbene Kätzinnen und vielleicht auch noch schwarze Kater entstehen. Kreuzt man diese roten Kater mit den schildpattfarbenen Kätzinnen, kann die nächste Generation aus schwarzen Katern, roten Katern und Kätzinnen und schildpattfarbenen Kätzinnen bestehen. Weder in dieser noch in irgendeiner anderen Generation wird es jedoch schildpattfarbene Kater geben.

Kommen in der ersten Kreuzung eine schwarze Kätzin und ein roter Kater zusammen, fällt die zweite Generation ähnlich aus wie im letzten Beispiel, nur daß die Kätzinnen schwarz statt rot sind. Ähnlich sind die Ergebnisse, wenn man blaue und cremefarbene Katzen, die verdünnte Form von Rot und Schwarz, miteinander kreuzt. In der ersten Generation werden Kater mit der Farbe der Mutter und bläulichcremfarbene Kätzinnen geboren. Die zweite Generation bringt blaue und cremefarbene Kater und cremefarbene und bläulichcremefarbene Kätzinnen hervor, wenn der Großvater blaues Fell hatte. War er cremefarben, kommen in der zweiten Generation nur blaue und cremefarbene Kater und bläulichchremefarbene Kätzinnen zur Welt. Die Natur kann dem Züchter aber auch Streiche spielen. Es hat schon schildpattfarbene oder bläulichcremefarbene Kater gegeben, sie waren aber fast immer unfruchtbar. Die meisten Züchter versuchen, einen bestimmten Typ zu züchten, und kreuzen daher immer gleiche Farben. Eine Ausnahme sind die Schildpattkatzen, bei denen das nicht möglich ist. Bei manchen Arten kann eine reine Linie zu extrem werden, so daß sie durch die Zufuhr von Fremdblut wieder ins Lot gebracht werden muß.
Versucht man eine neue Rasse, eine neue Farbe oder einen neuen Typ zu schaffen, muß man verschiedene Rassen kreuzen. Es wird dabei jedoch großer Wert darauf gelegt, daß die Abstammung der Tiere bekannt ist. so daß sich die Ergebnisse mit einiger Wahrscheinlichkeit vorhersagen lassen. Nachdem für manche Rassen eine breitere Palette von Fellfarben zulässig geworden ist (z.B. für Siamkatzen), sind viele Rassekatzen ein hervorragendes Beispiel für eine Fellfarbe, bei der eine andere Fellfarbe rezessiv vorhanden ist. Diese andere Farbe kann bei den folgenden Generationen dann zum Vorschein kommen. Aufgrund ihrer genetischen Geschichte können manche Katzen anders aussehen als ihre Elterntiere. Bei vielen ist dies aber nur der Fall, solange sie noch sehr klein sind.

Anerkannte Rassen
Der *Governing Council of the Cat Fancy* (GCCF) in England erkennt heute mehr als 100 Rassen und Farbschattierungen an. Zusammen mit all den noch nicht anerkannten und den in Nordamerika eingetragenen Rassen und Farben ergibt das ein außergewöhnlich breites Spektrum. Im folgenden werden die anerkannten Rassen und Farbschattierungen in drei großen Gruppen beschrieben: Kurzhaarkatzen von S. 46–71, Langhaarkatzen von S. 72–97 und die sogenannten exotischen Kurzhaarkatzen von S. 98–121. Mit Sicherheit wird man aus den Grundtypen, -farben und -mustern noch viel mehr Unterrassen herauszüchten. Aber auch dann werden die Ähnlichkeiten untereinander viel stärker sein als die äußeren Unterschiede. Bei Hunden könnte man sich manche Rassen als eigenständig vorstellen. Ein irischer Wolfshund und ein Mops z.B. könnten zwei verschiedenen Spezies angehören. Einer Katze aber, ob Angora oder Siamese, Weltmeister oder Mischling, ist so viel Persönlichkeit, Schönheit, Anmut und Charakter eigen, daß sie eben nur eine Katze sein kann.

Kurzhaarkatzen

Alle wilden Mitglieder der Katzenfamilie haben kurzes Fell und kurze Haare, was auch bei Hauskatzen die normale Form zu sein scheint, weil die Gene für Kurzhaar gegenüber denen für Langhaar dominant sind. Bei verwilderten Formen der Hauskatze bleibt das Langhaar nicht erhalten. Langhaarige Katzen sind in Europa erst seit etwa 400 Jahren bekannt, und sie blieben lange Zeit eine Seltenheit. Die Hauskatze Nordamerikas stammt von der kurzhaarigen europäischen Hauskatze ab. Seit es aber eingetragene Rassen gibt, haben sich die Vorlieben der Amerikaner und der Europäer voneinander abweichend entwickelt, so daß es heute europäische und amerikanische Kurzhaarkatzen gibt. Die Unterschiede sind aber nicht sehr groß, im Gegensatz zu anderen Rassen, die ebenfalls von den typischen europäischen Kurzhaarkatzen vergangener Zeiten abstammen.
Es gibt noch eine weitere Gruppe von Kurzhaarkatzen, die sich durch ihren Körperbau unterscheidet. Sie sind heute fast überall in Europa und Nordamerika verbreitet und werden »Exotisch Kurzhaar« genannt; sie sind auf S. 98–121 beschrieben.

Europäisch Kurzhaar

Der Körper ist gedrungen, jedoch wohlproportioniert, und wirkt stämmig. Der Knochenbau ist stark, der Körper wohlgerundet, ohne fett zu sein, und stark bemuskelt. Der Rücken ist mittellang und gerade, die Brust breit und tief. Der Schwanz ist eher kurz, am Ansatz dick, und wird zu der leicht gerundeten Schwanzspitze nur wenig dünner. Die Beine sind kurz und stark, die Pfoten rund, und die Vorderbeine müssen gerade sein.
Auf einem kurzen, dicken Hals sitzt ein runder, massiver, fast apfelförmiger Kopf. Der obere Teil des Kopfes muß wohlgerundet sein, die Wangen sind voll, die Nase ist kurz, breit und gerade, das Kinn fest. Die kleinen Ohren mit den gerundeten Spitzen stehen weit auseinander und sind mit dichtem Fell bedeckt. Die großen, runden Augen liegen weit auseinander auf einer geraden Linie.
Das Fell ist kurz und dicht. Es fühlt sich weich an, weder hart noch wollig. Ideal ist eine plüschige Oberfläche. Es ist zwar zu kurz um zu verfilzen, muß aber trotzdem gepflegt werden, damit abgestorbenes Haar, Staub und Schmutz entfernt werden. Kämmen mit der Hand ist ein gutes Mittel, ersetzt aber nicht das regelmäßige Bürsten.
Die Europäisch Kurzhaar ist in verschiedenen Farbschlägen anerkannt. Manche nicht reinrassige Katzen sehen ähnlich aus wie die Europäisch Kurzhaar, aber meist fehlt ihnen die korrekte Verbindung von Fellfarbe und Abzeichen mit der Augenfarbe, oder sie entsprechen im Körperbau nicht dem Rassestandard.
Auch Rassekatzen sind natürlich nicht immer vollkommen. Zu den Eigenschaften, die als wertmindernd gelten, gehören zu lange oder zu spitze Ohren, eine zu lange Nase, kleine oder tiefliegende Augen sowie nicht ganz einfarbige Augen, die z.B. einen andersfarbigen Schimmer am Rand haben, ein zu langes oder zu schmales Gesicht, lange Beine oder zu wenig anliegendes Fell.

Linke Seite: Zwei Europäisch Kurzhaar: Links eine silbergestromte, rechts eine getupfte Kurzhaarkatze.

BRITISH BLUE

Viele British Blue sind Musterbeispiele dafür, wie die Europäisch Kurzhaar aussehen sollte. Das Fell ist oft noch plüschiger als bei anderen Farbschlägen, und der breite Kopf mit der kurzen Nase entspricht dem Standard oft besser als andere Kurzhaarrassen.

Unter Blau versteht man bei einem Katzenfell nicht Himmelblau, sondern ein Graublau. Genetisch gesehen handelt es sich um eine verdünnte Form von Schwarz. Vor vielen Jahren bevorzugte man ein dunkles Schiefergrau, aber nach heutigem Standard wird eine mittlere bis helle Färbung verlangt. Sie muß am ganzen Körper gleich sein und darf keine Schattierungen, aber auch keine Spur von Streifen, Strichen oder anderen Abzeichen aufweisen. Weiße Haare im Fell sind nicht erlaubt. Die großen, ausdrucksvollen Augen sind orange- oder kupferfarben. Nasenspiegel und Fußballen müssen die gleiche Farbe wie das Fell haben.

Die British Blue steht im Ruf, eine besonders freundliche und umgängliche Katze von ungewöhnlicher Intelligenz zu sein.

KARTÄUSER

Die Kartäuserkatze stammt aus Frankreich (Chartreuse). In England setzt man sie mit der British Blue gleich, aber bei manchen amerikanischen Verbänden ist sie als eigene Rasse anerkannt. Die amerikanische Variante hat einen breiten Kopf mit vollen Wangen, der jedoch nicht so rund ist. Die Ohren sind vielleicht etwas länger und höher angesetzt. Die französische Variante war früher massiver als die britische, und nach französischem Standard sind grüne Augen und als Fellfarbe alle Schattierungen von Blau erlaubt.

British Blue

EUROPÄISCH KURZHAAR SCHWARZ

Das Fell muß einheitlich schwarz sein und darf kein weißes Haar aufweisen. Jedes Haar muß von der Wurzel bis zur Spitze schwarz sein. Jungkatzen haben oft einen bräunlichen Schimmer oder schwache Tigerstreifen, die aber gewöhnlich später verschwinden. Manchmal bekommen die mißfarbensten Kätzchen später das vollkommenste Fell. Bei einer ausgewachsenen Katze wäre aber jede Spur von »Rost« im Fell ein Fehler. Die von Katzen so geliebten Sonnenbäder können diese rostige Tönung hervorbringen und einer Rassekatze damit jede Aussicht auf Ausstellungserfolge verderben.
Der Körperbau entspricht dem aller Europäisch Kurzhaar. Die Augen sind von einem tiefen Orange oder Kupfer, Nasenspiegel und Fußballen müssen schwarz sein.
Früher brachte man schwarze Katzen gern mit Zauberei in Verbindung, weil man glaubte, sie seien eine der Erscheinungsformen des Teufels. In einigen europäischen Ländern und in Nordamerika sah man daher in ihnen Unglücksboten. In England dagegen hielt man sie schon immer für Glücksbringer, wahrscheinlich ein Grund für ihre dortige Beliebtheit.
Schwarze Katzen gibt es zwar viele, aber wenige, die dem offiziellen Standard entsprechen. Oft sind sie zu schlank gebaut, oder sie haben grüne statt orangefarbene Augen oder lange, spitze Ohren. Bei vielen ist das Fell auch nicht ganz schwarz.

EUROPÄISCH KURZHAAR WEISS

Die Katze muß reinweißes Fell ohne andersfarbige Haare oder Gelbschimmer aufweisen. Nasenspiegel und Fußballen sind rosa. Für die Augen sind ein tiefes Saphirblau, warmes Gold, Orange oder Kupfer vorgeschrieben. Es gibt auch eine weiße Art mit verschiedenfarbigen Augen, d.h. ein Auge ist blau, das andere kupferfarben. Da alle Katzen ohne Ausnahme mit blauen Augen zur Welt kommen, kann man die Augenfarbe bei der Geburt noch nicht vorhersagen.
Die Europäisch Kurzhaar Weiß ist kein Albino, sondern genetisch weiß. Bei der Variante »Weiß mit blauen Augen« tritt oft Taubheit auf. Dabei handelt es sich nicht um eine Krankheit, sondern um eine genetisch mit der Kombination »Weiß mit blauen Augen« verbundene Unfähigkeit. Bei jungen Katzen mit andersfarbigen Vorfahren ist oft ein dunklerer Fellfleck,

gewöhnlich zwischen den Ohren, zu sehen, der in den meisten Fällen bei der erwachsenen Katze wieder verschwindet. Er ist gern gesehen, weil er ein Zeichen dafür ist, daß das Gehör intakt ist. Die Variante »Weiß mit orangefarbenen Augen« hat diese Neigung zur Taubheit nicht, aber bei verschiedenfarbigen Augen soll es vorkommen, daß die Katze nur auf einer Seite gut hört. Bei weißen Katzen kann auch eine Neigung zu Extrazehen bestehen, dem sogenannten Polydactylismus.

Wildlebende Katzen sind selten weiß, vielleicht weil die auffällige Farbe sie für Räuber besser sichtbar macht oder sie sich an Beutetiere kaum ungesehen anschleichen können. Die Taubheit der blauäugigen Exemplare würde das Überleben zusätzlich erschweren.

Auf weißem Fell fallen Schmutz und andere Flecken mehr auf; das Fell braucht daher besonders sorgfältige Pflege. Ein bewährtes Mittel ist Talkpuder, der Fett und Schmutz aufnimmt und gründlich wieder herausgebürstet wird.

In den Ländern, in denen schwarze Katzen als Unglücksboten verschrien waren, galten weiße Katzen als Glücksbringer, in England dagegen glaubte man, die weißen brächten Pech. Heute scheint derartiger Aberglaube vergessen zu sein.

Europäisch Kurzhaar weiß
mit verschiedenfarbigen Augen

mit orangefarbenen Augen

mit blauen Augen

EUROPÄISCH KURZHAAR CREME

Das Fell muß ebenmäßig cremefarben und so hell sein, daß es nicht bräunlich oder orangeartig wirkt. Genetisch gesehen ist die Cremefarbe eine Verdünnung von Rot; wenn die Farbe also einmal zu »heiß« ausfällt, ist dies ein Zeichen für die roten oder schildpattfarbenen Vorfahren, von denen diese Katze wahrscheinlich abstammt.

Es war schwierig, eine Variante ohne weiße Flecken oder dunklere Abzeichen zu züchten. Es gibt auch keine anerkannte rote Variante der Europäisch Kurzhaar, weil bei rotem Fell die Tigerzeichnung kaum zu unterdrücken ist. Cremefarbene Jungkatzen haben oft dunkle Abzeichen, die später verschwinden. Bei plötzlich einsetzender extremer Hitze oder Kälte werden diese manchmal wieder sichtbar.

Im Körperbau muß die Europäisch Kurzhaar Creme dem allgemeinen Rassestandard entsprechen. Die Augen sind leuchtend kupfer- oder orangefarben, Nasenspiegel und Fußballen rot. Haselnußbraune Augen waren nur bis 1967 nach GCCF-Standard erlaubt.

EUROPÄISCH KURZHAAR GESTROMT ODER GETIGERT

(Tabby-Katzen)

In England heißen Katzen mit getigertem oder gestromtem Fell »Tabby«, und dieser Begriff hat sich international eingebürgert. Er soll von einem Distrikt in Bagdad namens Attibiya abgeleitet sein; dort wurde ein Seiden- oder Taftmoiré hergestellt, der tatsächlich große Ähnlichkeit mit dem klassischen gestromten Tabby-Muster aufweist. Das gestreifte Fell, das schon die europäische Wildkatze besaß, kommt auch heute noch am häufigsten vor und ist so dominant, daß es manchmal in der Jugend selbst bei solchen Kätzchen sichtbar ist, die ausgewachsen eine ganz ebenmäßige Farbe haben. Bei vielen Katzen bleiben die Streifen aber auch bestehen.

Außer dem klassischen gestromten Muster (Räderzeichnung) gibt es noch tigerähnliche Streifen, die international »makkerel« heißen. Man nimmt an, daß sich die gestromte Zeichnung aus den Streifen entwickelt hat. Eng verbunden mit dem ursprünglichen Streifenmuster ist die Tüpfelung bzw. Wildfärbung (Agouti) der

Abessinier, die eine Mutation darstellen. Da diese beiden Zeichnungen hauptsächlich bei als eigenständig anerkannten Rassen vorkommen, werden sie an anderer Stelle behandelt (s.S. 54 und 100). Manchmal kommen ganz schmale, engstehende Streifen vor, bei denen es sich wahrscheinlich um ein Mittelding zwischen der getigerten Zeichnung und der Wildfärbung handelt.

Man nimmt an, daß sich die gestromte Zeichnung in Europa entwickelt hat, wo sie um die Mitte des 18. Jahrhunderts schon weit verbreitet war. Sie ging von Europa aus und erreichte z.B. Indien 100 Jahre später. In Europa ist die Zeichnung mittlerweile sehr gefestigt und häufiger zu finden als die getigerte Form. In den Ländern des Ostens ist sie aber noch variabel und regional verschieden häufig anzutreffen. In London z.B. sind die meisten Tabby-Katzen gestromt, aber das gilt nicht für ganz England. In Australien scheinen noch immer die gestromten Exemplare vorzuherrschen. Auf alten ägyptischen Grabmalereien und römischen Mosaiken sind die Katzen getigert, ebenso auf europäischen Gemälden, z.B. von Pieter Breughel (1525–1569).

Der englische Altertumsforscher John Aubrey dagegen, der im späten 17. Jahrhundert schrieb, vermerkte, daß Tabby-Katzen während der Regierungszeit von Charles I. wegen ihrer Seltenheit hohe Preise erzielten. Er nannte sie Zypernkatzen. Der Name weist darauf hin, wo man damals ihren Ursprung vermutete.

Heute ist sowohl die getigerte als auch die gestromte Zeichnung genauestens festgelegt. Bei der Stromung oder Räderzeichnung laufen drei dunkle Streifen den Rücken entlang, der mittlere folgt dem Rückgrat. Die Schultern ziert ein schmetterlingsähnliches Abzeichen mit zwei Paar Flügeln und eingeschlossenen hellen Flecken. Das Abzeichen an den Flanken ähnelt einer Auster und ist von einem oder mehreren geschlossenen Ringen umgeben. Der Schwanz ist in ganzer Länge geringt, Hals und Brust weisen ungebrochene Linien (Halskette) auf – je mehr, desto besser. Die Beine sind gleichmäßig geringt. Feine Linien laufen über die Wangen; vom Augenwinkel geht eine ungebrochene Linie aus; die Stirn trägt ein »M«, und über den Kopf läuft eine dunkle Linie. Der Bauch ist getupft. Bei der getigerten Form gleicht die Zeichnung an Kopf, Schwanz und Beinen der gestromten. Vom Kopf verläuft eine ungebrochene Linie das Rückgrat entlang bis zum Schwanzansatz; von ihr gehen rechtwinklig schmale Streifen aus. Bei beiden Arten sind die Abzeichen dunkler als die eigentliche Fellfarbe und deutlich abgesetzt. Die Flecken oder Linien dürfen nicht unterbrochen oder in Tupfen aufgelöst sein. Davon ausgenommen ist nur der Bauch. Weiße Flecken sind nicht erlaubt, und die beiden Farben dürfen keine Schattierungen aufweisen. Tabby-Katzen gibt es als anerkannte Rassen in den Varianten Silber, Rot und Braun.

Silber-Tabby

Grundfarbe ist Silber, mit tiefschwarzer Tigerung oder Stromung. Die hinteren Sohlenstreifen sowie die Fußballen sind schwarz. Die Augen sind grün oder haselnußbraun, der Nasenspiegel sollte leuchtend rot, darf aber auch schwarz sein.

Rot-Tabby

Grundfarbe ist Rot, die gestromte oder getigerte Zeichnung ist von dunklerem, sehr intensivem Rot. Lippen und Kinn sind rot. Die Augen leuchten in tiefem Kupfer. Der Nasenspiegel ist ziegelrot, und die Fußballen sind tiefrot.

Braun-Tabby

Grundfarbe ist ein leuchtendes Kupferbraun. Die Abzeichen sind tiefschwarz, die Sohlenstreifen schwarz. Als Augenfarbe ist Orange, Nußbraun oder Dunkelgelb erlaubt. Der Nasenspiegel ist ziegelrot, die Fußballen sind entweder schwarz oder braun.

EUROPÄISCH KURZHAAR GETUPFT

Auch diese Form weist eine deutliche Tigerung auf, nur daß die Linien in Tupfen aufgelöst sind. Anscheinend gab es Ende des 19. Jahrhunderts eine Anzahl getupfter Katzen, einige hatten sogar getupfte Gesichtslinien. Im 20. Jahrhundert waren sie weitgehend unbekannt, bis sie auf einer englischen Ausstellung 1965 wieder auftauchten.

Bei einer ideal gezeichneten Katze sind die Tupfen rund und wohlproportioniert. Zugelassen sind heute aber auch dreieckige sternförmige und rosettenähnliche Abzeichen. Das Muster darf sich nicht aus schmalen oder länglichen Abzeichen zusammensetzen, die aussehen wie unterbrochene Streifen einer getigerten Katze. Der Schwanz muß getupft oder gebrochen geringt sein, die Beine sind getupft, und das Gesicht muß die typische Tabby-Zeichnung aufweisen.

Europäisch Kurzhaar getupft

Zugelassen sind alle anerkannten Fellfarben mit den entsprechenden Abzeichen und Augen. Die Europäisch Kurzhaar getupft kommt aber hauptsächlich in folgenden Varianten vor: Silber mit schwarzen Tupfen und grünen oder nußbraunen Augen; Braun mit schwarzen Augen; Rot mit dunkelroten Tupfen und intensiv kupferfarbenen Augen. Nasenspiegel und Fußballen richten sich in der Farbe nach der entsprechenden Tabby-Katze.

Im östlichen Mittelmeerraum findet man unter den einheimischen Katzen oft getupfte Exemplare, aber sie gehören meist dem orientalischen Schlanktyp an. Die Europäisch Kurzhaar Getupft muß im Körperbau dem auf Seite 47 beschriebenen Rassestandard entsprechen.

EUROPÄISCH KURZHAAR ZWEIFARBIG (Bicolor)

Das Fell ist deutlich abgegrenzt in Weiß und einer dunkleren Farbe gezeichnet. Die zweite Farbe kann Schwarz, Rot, Blau oder sogar Creme sein – jede für einfarbige Katzen zugelassene Farbe. Das Fell darf höchstens zu zwei Dritteln farbig und höchstens zur Hälfte weiß sein, wobei die dunkleren Flecken gleichmäßig verteilt sein sollten. Auch das Gesicht muß gefleckt sein; eine weiße Blesse gilt als erwünscht. Wild- und Streifenzeichnung sowie einzelne farbige Haare in den weißen Flächen gelten als Fehler. Symmetrisch verteilte Flecken sind besonders geschätzt. Die Augen leuchten kupfer- oder orangefarben.

EUROPÄISCH KURZHAAR BLAUCREME

Diese Variante ist zweifarbig, aber nicht bicolor, denn es handelt sich nicht um klar abgesetzte Flecken, sondern um ein sachtes Ineinanderübergehen der Farben Blau und Creme. Eine Blesse ist ein Fehler, und nirgendwo, vor allem nicht an den Pfoten, darf das Fell von einheitlicher Farbe sein.

Blau und Creme müssen gleichmäßig über den ganzen Körper verteilt sein, was Tabby-Zeichnung und weiße Flecken ausschließt. Die Augen sind kupfer- oder orangefarben, der Nasenspiegel ist blau, die Fußballen sind blau oder rosa oder blau-rosa gefleckt. Wie alle europäischen Kurzhaar-Katzen hat sie einen kompakten Körper und einen runden Kopf mit vollen Wangen.

EUROPÄISCH KURZHAAR SCHILDPATT

Das Fell ist dreifarbig, das heißt schwarz mit deutlichen roten und cremefarbenen Flecken am ganzen Körper, im Gesicht, an den Füßen, Beinen und am Schwanz. Die Farben müssen gleichmäßig verteilt sein; eine rote oder cremefarbene Blesse ist erwünscht. Die Augen sind leuchtend kupfer- oder orangefarben, der Nasen-

Europäisch Kurzhaar Bicolor

Europäisch Kurzhaar blaucreme

Europäisch Kurzhaar Schildpatt

spiegel und die Fußballen sind entweder rosa oder schwarz oder weisen Flecken in beiden Farben auf.
Schildpattkatzen sind fast ausschließlich weiblich. Kommt einmal ein Kater mit dieser Färbung zur Welt, ist er fast immer unfruchtbar. Dennoch soll es vor 80 Jahren zwei Schildpattkater mit Nachwuchs gegeben haben. Zur Zucht verwendet man Schildpattkätzinnen und einen Kater im guten Europäisch-Kurzhaar-Typ und mit einer der drei im Schildpattmuster vorkommenden Farben. Tabby-Katzen sind ungeeignet, weil sie fast immer das Tabby-Muster vererben, das sich kaum wieder herauszüchten läßt. Der Nachwuchs kann aus einfarbig roten oder schwarzen Katzen neben den schildpattfarbenen bestehen. Schildpattfarbene Katzen sind bei der Geburt oft sehr dunkel. Je älter sie werden, desto leuchtender werden die Farben, und meist weisen diese Katzen nachher eine besonders schöne Zeichnung auf. Manchmal sind schildpattfarbene Junge auch das Produkt einer Paarung zwischen einem einfarbig roten und einem einfarbig schwarzen Elternteil.

EUROPÄISCH KURZHAAR SCHILDPATT MIT WEISS

(Tricolor)

Diese Variante hat die dreifarbigen Abzeichen einer Schildpattkatze in Verbindung mit teilweise weißem Fell. Wangen, Oberkopf, Ohren, Rücken, Schwanz und Teilbereiche der Flanken tragen deutlich abgesetzt und gleichmäßig verteilt ein Muster in Schwarz, Rot und Creme, das auch auf den Pfoten auftritt. Bauch, Brust, Beine und Kinn sind weiß, eine weiße Blesse ist erwünscht, immer aber müssen die Schildpattfarben vorherrschen. Die Augen sind kupfer- oder orangefarben, Nasenspiegel und Fußballen rosa oder schwarz bzw. rosa-schwarz gefleckt.
Wie der Farbschlag Schildpatt kommt auch die Variante Schildpatt mit Weiß fast ausschließlich bei Kätzinnen vor, die mit andersfarbigen Katern gekreuzt werden. Obwohl die Farbe auch schon aus recht unüblichen Kreuzungen hervorgegangen ist (selbst ein blauer Perser ist verzeichnet), sind doch hauptsächlich zweifarbige oder einfarbige Kater im guten Kurzhaartyp zur Zucht zu empfehlen.

Europäisch Kurzhaar Schildpatt mit Weiß

Europäisch Kurzhaar rauchfarben

EUROPÄISCH KURZHAAR RAUCHFARBEN (Smoke)
Dieser Farbschlag hat ein silbriges Unterfell mit schwarzem oder blauem Deckhaar. In Ruhe scheint das Fell ungebrochen dunkel, in der Bewegung aber schimmert das silbrige Unterhaar durch. Die Augen sind gelb oder orange, Nasenspiegel und Fußballen je nach Fellfarbe schwarz oder blau.

EUROPÄISCH KURZHAAR TIPPED (Spitzenfärbung)
Unterwolle und Deckhaar sind weiß, aber am Rücken, am Kopf, an den Flanken, an den Ohren und am Schwanz sind die Haarspitzen andersfarbig, wodurch ein glitzernder Effekt entsteht. An den Beinen ist leichte Färbung erlaubt. Kinn, Brust, Bauch und Unterseite des Schwanzes müssen dagegen weiß sein. Für die Färbung der Haarspitzen (Tipping) sind alle für einfarbige Kurzhaarkatzen anerkannten Farben erlaubt, ergänzt durch Braun, Schokolade, Lila, Rot und Creme. Nasenspiegel und Fußballen müssen entweder rosa sein oder der Färbung der Haarspitzen so genau wie möglich entsprechen. Bei schwarzen Haarspitzen sind grüne Augen Vorschrift. Die ande-

Europäisch Kurzhaar Tipped

ren Farbschläge haben leuchtend orange- oder kupferfarbene Augen. Ursprünglich entstand diese Rasse aus einer Kreuzung von Europäisch Kurzhaar Silbergestromt mit Chinchilla-Persern. Es entstand eine kurzhaarige Variante des Chinchilla-Persers (s. S. 82).

Amerikanisch Kurzhaar

(Domestic Short-Hair)

Sie hat viel Ähnlichkeit mit der Europäisch Kurzhaar, stammt sie doch von Katzen ab, die europäische Einwanderer nach Nordamerika mitbrachten. Heute sind aber auch ausgeprägte Unterschiede festzustellen.

Die Amerikanisch Kurzhaar ist nicht so untersetzt wie die Europäisch Kurzhaar und wirkt etwas länger. Der mittellange bis lange Körper ruht auf mittellangen Beinen mit kräftigen, gerundeten Pfoten und schweren Ballen. Der Schwanz ist mittellang, am Ansatz dick wie der der europäischen Kurzhaarkatzen, und verjüngt sich zu einem stumpfen Ende. Der Hals ist mittellang, der Kopf weniger rund als bei der europäischen Form, eher herzförmig. Die etwas größeren Ohren stehen weit auseinander, sind im Ansatz aber weniger breit. Die Augen sind groß, rund und lebhaft, an der Außenseite ganz leicht geschlitzt. Das kurze, dicke Fell fühlt sich viel härter an als das der Europäisch Kurzhaar. Es sind sehr viel mehr Farbschläge und Muster anerkannt als in Europa, obwohl nicht alle Katzenorganisationen in Nordamerika alle Farbschläge und Muster anerkennen.

AMERIKANISCH KURZHAAR WEISS

Dieser Farbschlag hat ein glänzend reinweißes Fell mit rosafarbenem Nasenspiegel und rosa Fußballen. Wie bei der Europäisch Kurzhaar können die Augen blau, orange oder verschiedenfarbig sein (s. S. 49–50).

AMERIKANISCH KURZHAAR SCHWARZ

Mit Ausnahme der bereits beschriebenen Körpermerkmale ähnelt diese kohlschwarze Katze mit den goldenen Augen der Europäisch Kurzhaar Schwarz, nur daß hier die Fußballen braun oder schwarz sein dürfen.

AMERIKANISCH KURZHAAR BLAU

Die Farbe soll möglichst blaß, vor allem

aber ganz gleichmäßig sein. Eine dunklere Katze mit gleichmäßiger Fellfarbe ist einer helleren mit schattiertem Fell vorzuziehen. (s. auch Europäisch Kurzhaar Blau, S. 48).

AMERIKANISCH KURZHAAR ROT
Anerkannt ist eine einfarbig rote Katze. Beim europäischen Typ hat sich die Streifung oder Stromung als zu dominierend erwiesen, um die einfarbige als eigene Rasse anzuerkennen. Das Fell ist von tiefem, leuchtendem Rot ohne jede Schattierung, Zeichnung oder Wildfärbung. Lippen und Kinn dürfen in der Farbe nicht vom Fell abweichen. Nasenspiegel und Fußballen sind ziegelrot, die Augen glänzend goldfarben.

AMERIKANISCH KURZHAAR CHINCHILLA
Sie entspricht der Europäisch Kurzhaar Tipped mit schwarzen Haarspitzen (s. S. 58). In Europa ist sie nur einer von vielen möglichen Farbschlägen einer Rasse, die erst 1978 anerkannt wurde. Die amerikanische Katze wurde viel früher anerkannt. Das Unterfell ist reinweiß, die Haarspitzen sind an den Flanken, auf dem Rükken, am Kopf und am Schwanz schwarz, so daß ein sprühend-silbriger Glanz ensteht. Kinn, Bauch und Brust müssen reinweiß bleiben, nur die Beine dürfen leicht schattiert sein. Augen, Lippen und Nase sind schwarz umrahmt, der Nasenspiegel selbst ist ziegelrot. Die Fußballen sind schwarz, die Augen leuchtend smaragdgrün oder blaugrün. (s. auch Chinchilla-Perser, S. 82).

AMERIKANISCH KURŻHAAR SILBERSCHATTIERT
Hierbei handelt es sich um eine dunklere Version der Chinchilla-Katze. Am Rückgrat entlang ist die Färbung der Haarspitzen dunkler und wird zur weißen Unterpartie hin immer heller. Die Beine sind von gleicher Farbe wie das Gesicht.

AMERIKANISCH KURZHAAR CAMEO
Für Amerikanisch Kurzhaar anerkannt sind die Farbschläge Shell, Shaded und Smoke Cameo, wobei es sich bei den ersten beiden um die rote Ausgabe der Chinchilla- bzw. Silberschattiert-Kurzhaarkatze handelt. Die Smoke Cameo, auch Red Smoke genannt, ist noch dunkler rot. Allen gemeinsam ist ein rosenfarbener Nasenspiegel sowie Fußballen in der gleichen Farbe. Die Augen sind leuchtend goldfarben (s. auch Cameo-Perser, S. 84).

AMERIKANISCH KURZHAAR RAUCHFARBEN (Smoke)
Die Black Smoke sieht – mit Ausnahme

der bereits erwähnten Unterschiede im Körperbau – genauso aus wie ihre europäische Verwandte. In Ruhe erscheint die Katze gleichmäßig schwarz, in der Bewegung schimmert das weiße Unterfell durch. Nasenspiegel und Fußballen sind schwarz, die Augen leuchtend goldfarben. Die Blue Smoke hat blaues Deckhaar und blaue Fußballen sowie einen blauen Nasenspiegel.

AMERIKANISCH KURZHAAR MIT TABBY-ZEICHNUNG
Zusätzlich zu den für Europäisch Kurzhaar mit Tabby-Zeichnung anerkannten Farbschlägen Silber, Braun und Rot (S. 51–53) gibt es die Amerikanisch Kurzhaar auch in Blau-, Creme- und Cameotabby. Die Zeichnung entspricht der für europäische Tabby-Katzen (S. 51–52), im Körperbau müssen sie natürlich dem amerikanischen Standard entsprechen.
Die Blautabby hat eine helle Grundfarbe von bläulichem Elfenbein mit scharf abgesetzter Zeichnung in dunklem Blau. Die Augen sind leuchtend goldfarben, Nasenspiegel und Fußballen altrosa. Die Cremetabby hat hell cremefarbenes Fell mit dunklerer Zeichnung in Gelbbraun oder Creme, die deutlich abgesetzt sein muß, aber innerhalb einer Farbskala der Verdünnung, und nicht voll rot sein darf. Die Augen sind leuchtend goldfarben, die Fußballen und der Nasenspiegel sind rosa. Die Cameotabby hat als Grundfarbe ein gebrochenes Weiß mit roter Zeichnung, rotem Nasenspiegel und roten Fußballen.

AMERIKANISCH KURZHAAR ZWEIFARBIG (Bicolor)
Wie bei der entsprechenden europäischen Variante sind einfarbige Flecken auf Weiß gesetzt. Die Flecken können schwarz, blau, rot oder cremefarben sein, die Augen sind jedoch immer leuchtend goldfarben.

AMERIKANISCH KURZHAAR SCHILDPATT
Eine dreifarbige Katze, die in Zeichnung und Farbe der Europäisch Kurzhaar Schildpatt gleicht (S. 56), ansonsten aber dem Standard für Amerikanisch Kurzhaarkatzen entspricht.

AMERIKANISCH KURZHAAR SCHILDPATT MIT WEISS
In der Zeichnung ähnelt sie der entsprechenden europäischen Variante, die Anforderungen hinsichtlich der Ausdehnung der weißen Flächen sind jedoch bei den verschiedenen amerikanischen Verbänden unterschiedlich. Bei manchen wird sie durch die Amerikanisch Kurzhaar Calico (s. unten) ersetzt, andere erkennen beide an. Die Augen sind goldfarben.

AMERIKANISCH KURZHAAR CALICO
Bei manchen amerikanischen Verbänden entspricht diese Katze in Zeichnung und Farbe der Europäisch Kurzhaar Schildpatt. Bei anderen ist Weiß als Grundfarbe mit dreifarbigen Flecken mehr geschätzt als die Teilung in weiße und farbige Flächen. Möglich ist auch eine weiße Grundfarbe mit roten und schwarzen Flecken (ohne Creme). Die Augen sind goldfarben.

AMERIKANISCH KURZHAAR BLAUSCHILDPATT MIT WEISS
(Dilute Calico)
Dieser Farbschlag hat als Grundfarbe Weiß und ist in jeweils einfarbigem Blau und Creme gefleckt. Die Augen sind leuchtend goldfarben.

AMERIKANISCH KURZHAAR BLAUCREME
Am Körper, im Gesicht und an den Beinen müssen die Flecken in den beiden

Farben deutlich voneinander abgesetzt sein und dürfen nicht ineinanderfließen – das genaue Gegenteil dessen, was der europäische Standard verlangt. Die Augen sind intensiv goldfarben.

Exotisch Kurzhaar

Diese Rasse entstand in den U.S.A. aus einer Kreuzung von Amerikanisch Kurzhaar und Perserkatzen. Körperbau und Felltextur sind die der Perserkatze, das Fell jedoch ist kurz. Von allen amerikanischen Rassen kommt sie der Europäisch bzw. Britisch Kurzhaar am nächsten. Das mag unter anderem daher kommen, daß auch die britischen Züchter nach dem Zweiten Weltkrieg – und der damit verbundenen Unterbrechung der gezielten Zuchtmaßnahmen – langhaarige Katzen einkreuzten, um den Typ zu festigen.
Der stämmige Körper ruht auf kurzen Beinen. Die Brust ist tief, Schultern und Rumpf sind massiv. Der Mittelteil des Körpers ist kurz und wohlgerundet. Der Schädel ist breit; rund und massiv sitzt der Kopf auf dem kurzen, dicken Hals. Der kurze Schwanz wird normalerweise gestreckt und tiefer als der Rücken getragen. Die kleinen, tief angesetzten Ohren liegen weit auseinander; sie sind nach vorn geneigt und an den Spitzen gerundet. Kinn und Wangen sind rund und kräftig. Die Nase ist kurz und breit und weist keinen Stop auf. Die Augen sind groß und rund. Die Zehen an den großen, runden Pfoten liegen dicht beieinander. Das dichte, weiche Fell ist länger als bei der Amerikanisch Kurzhaar.
Bei einfarbigen Katzen anerkannt sind Weiß (Augen: blau, orange oder zweifarbig), Schwarz, Blau, Rot oder Creme, bei gestromten oder getigerten Katzen gibt es die Farbschläge Silber, Rot, Braun, Blau, Creme oder Cameo. Anerkannt sind ferner Chinchilla, Silberschattiert, Shell-Cameo oder Cameoschattiert, Rauchfarben in Blau, Schwarz oder Cameo, Blaucreme oder Zweifarbig. Bezüglich Zeichnung, Augenfarbe, Nasenspiegel und Fußballen gilt der gleiche Standard wie für Amerikanisch Kurzhaar der entsprechenden Farbe.

Amerikanisch Drahthaar

Diese Variante kam als natürliche Mutation im Wurf einer Farmkatze im Staate New York vor. Das Kätzchen hatte ein Fell wie ein Drahthaarterrier, sogar noch rauher und am Kopf und an den Ohren dicht gelockt. Diese erste Katze und ihre direkten Nachkommen hatten längere Beine, schwerere Hüften und kürzere Köpfe als die Amerikanisch Kurzhaar. Heute ist das Zuchtziel an der Amerikanisch Kurzhaar orientiert, nur daß das Fell halblang und am Kopf, auf dem Rücken, den Flanken, Hüften und der Oberseite des Schwanzes rauh und drahtig sein soll. Auf der Unterseite und am Kinn darf es weicher sein.

Manx

Echte Manxkatzen haben keinen Schwanz, nicht einmal eine Andeutung davon. Die Schwanzwirbel am Ende des Rückgrats fehlen vollständig; manchmal fühlt man am Ende der Wirbelsäule geradezu eine Einbuchtung. Dadurch wirkt der Rumpf sehr rund – »rund wie eine Orange« hieß es in der Beschreibung des britischen Standards. Die Hinterbeine sind länger als die Vorderbeine, so daß die Rückenlinie nach hinten ansteigt. Da die Manx jedoch die Hinterbeine meist stark abwinkelt, gleicht sich das wieder aus. Der Gang wirkt hoppelnd wie bei einem Kaninchen.
Nach dem britischen Standard muß der Kopf so weit wie möglich dem der Britisch bzw. Europäisch Kurzhaar entsprechen, und die Nase muß gerade sein. In den USA ziehen manche Züchter einen ausgeprägten Stop im Nasenrücken vor. Die Wangen sind kräftig entwickelt, die Ohren länger als bei der Europäisch Kurzhaar, spitz und höher angesetzt. Sie hat ein doppeltes Fell mit dichter Unterwolle und längerem Deckhaar. Farben und Abzeichen richten sich nach dem Standard für Europäisch und Amerikanisch Kurzhaar.
Zahllose Legenden versuchen zu erklären, wie die Manxkatze ihren Schwanz verlor. Sie sei zu spät auf die Arche ge-

kommen und gerade noch durchgeschlüpft, als Noah die Tür schloß, so daß der Schwanz abgeklemmt wurde und zurückblieb. Oder eine Katzenmutter habe ihn ihren Jungen abgebissen, damit sie nicht von Soldaten getötet wurden, die die Schwänze als Helmzier zu verwenden pflegten. Natürlich ist die Schwanzlosigkeit eine genetische Abweichung, die sich erhalten hat. Schwanzlose Katzen kommen auch in anderen Teilen der Welt vor. Von Bedeutung ist aber die Inselheimat der Manxkatze, die auf der Insel Man zu Hause ist. Eine Insel ist ein begrenztes, abgeschlossenes Zuchtgebiet, wodurch die Erhaltung des Typs begünstigt wird, obwohl der genetische Code, der die Schwanzlosigkeit verursacht, oft mit körperlichen und gesundheitlichen Problemen verbunden ist. Manchmal fehlen mehr als nur die Schwanzwirbel, und auch eine Fehlentwicklung des Afterschließmuskels wird mit der Mißbildung in Zusammenhang gebracht. Die Sterblichkeit ist hoch, und wenn man einige Generationen lang echte Manxkatzen miteinander kreuzt, kann es zu Totgeburten kommen. Aufgabe der Züchter ist es, zu vermeiden, daß sich diese Probleme festsetzen.
Auch bei völlig schwanzlosen Eltern können einige Nachkommen längere oder kürzere Schwänze haben. Auch geschwänzte oder stummelschwänzige Manxkatzen (Stumpies) sind heute als britische Varianten anerkannt. Einige amerikanische Verbände erkennen fünf Stadien von schwanzlos bis geschwänzt an, und zwar Rumpy (schwanzlos), Riser (mit wenigen Wirbeln, die man fühlen oder sehen kann), Stubby (mit deutlich ausgeprägtem und beweglichem Schwanz), Longy (mit längerem, aber nicht vollständigem Schwanz) und Tailed (mit Schwanz).
Jede Farbe und Zeichnung ist erlaubt, die Augenfarbe muß jedoch der entsprechen, die für entsprechend gefärbte Kurzhaarkatzen vorgeschrieben ist.

Bombaykatze

Diese amerikanische Variante entstand aus einer Kreuzung zwischen einer Amerikanisch Kurzhaar schwarz und einer Burmakatze. Farbe und Typ stammen von der Kurzhaarkatze, das glatte Fell von der Burmakatze. Der Kopf ist rund mit einem vollen Gesicht und verjüngt sich zur kurzen, wohlgeformten Schnauzenpartie. Die Nase weist einen deutlichen Stop auf. Die Augen sind groß und rund und stehen weit auseinander, die Farbe schwankt zwischen Gelb und Kupfer. Bevorzugt sind die dunkleren Kupfertöne. Der Körper ist weder stämmig noch zierlich, der Schwanz gerade und mittellang. Das dichte, kurze Fell ist seidig fein und glänzt wie Lack.

Bombaykatze

Manx

Rumpy (schwanzlos)

Longy (längerer Schwanz)

Stumpy (kurzgeschwänzt)

Schottische Hängeohrkatze
(Scottish Fold)

Diese Rasse entstand aus einer Zufallsmutation, die 1961 in Perthshire in Schottland auftrat. Die Meinungen der Katzenliebhaber über diese Neuentwicklung gehen weit auseinander. Vom GCCF wurde sie nicht als Rasse anerkannt, obwohl eine Jungkatze 1971 einen Preis auf einer britischen Ausstellung gewann. Da die Ohren zu diesem Zeitpunkt noch nicht die charakteristische Hängeposition eingenommen hatten, betrachteten die Richter sie allerdings als normale Katze mit spitzen Ohren. In den USA hat die Katze bei einigen Züchtern Freunde gefunden und ist von einigen Verbänden registriert.

Da die erste Mutation von Eltern des Typs Europäisch Kurzhaar abstammte, blieb dieser Typ erhalten. Der Körper ist stämmig, der runde Kopf sitzt auf einem kurzen Hals. Das Fell ist kurz und weich. Die Ohren sind gewöhnlich klein und oberhalb der Ohrmuschel nach vorn umgeklappt, so daß sie schwierig zu reinigen sind. Der Knick kann bei Jungkatzen nur angedeutet sein, bei ausgewachsenen Katzen muß das Ohr deutlich hängen.

In den USA ist die Schottische Hängeohrkatze in folgenden Farben anerkannt: Weiß, Blau, Schwarz, Rot, Creme und Cameo, Chinchilla, Silberschattiert, Shell Cameo und Cameoschattiert, Rauchfarben in Schwarz, Blau und Cameo, Schildpatt, Calico, Calico verdünnt, Blaucreme und Zweifarbig. Augen und Nasenspiegel müssen dem für entsprechend gefärbte Kurzhaarkatzen vorgeschriebenen Standard entsprechen.

Bei anderen Tierarten kommen Hängeohren nur nach Jahrhunderten der Domestizierung vor. Berichte von hängeohrigen Katzen finden sich in alten Büchern. In einer Veröffentlichung aus dem späten 19. Jahrhundert wird behauptet, sie seien in China häufig zu finden. Vor etwa 80 Jahren brachte ein Seemann eine hängeohrige Katze angeblich aus China mit. Er behauptete sie würden dort für den menschlichen Verzehr gezüchtet. Erst 1931 findet sich wieder ein zuverlässiger Hinweis auf eine weitere Hängeohrkatze, und weitere 23 Jahre später trat die Mutation in Schottland auf.

Sind Hängeohren bei Katzen wirklich so uncharakteristisch, daß sie immer fremd wirken werden? Oder wird man sich mit der Zeit an sie ebenso gewöhnen wie bei manchen Hunde- und Ziegenrassen? In jedem Fall wäre eine wissenschaftliche Untersuchung über die Auswirkung der Hängeohrigkeit auf das Gehör bzw. über die Anfälligkeit für Ohrinfektionen interessant.

Rexkatzen

Rexkatzen sind eine verhältnismäßig junge Züchtung. Entstanden sind sie aus einer natürlichen Mutation, die im Fell in Erscheinung tritt und auch bei anderen Tieren, beispielsweise dem Kaninchen vorkommt.

Das normale Katzenfell setzt sich aus verschiedenartigen Haarformen zusammen. Zum Deckhaar gehören die langen, festen, etwas überstehenden Leithaare und die mittellangen, geschmeidigen Grannenhaare. Den Felluntergrund bilden die kurzen, weichen, oft auch gekräuselten Wollhaare.

Bei den meisten Katzen sind die Wollhaare etwa 50 mal stärker vertreten als die Deckhaare, bei der Rexkatze aber besteht das Fell fast ausschließlich aus diesen Wollhaaren. Die sogenannte German Rex hat neben den Wollhaaren einen geringen Anteil von gekrümmten Grannenhaaren. Das einzelne Haar ist nur etwa halb so lang wie bei einer normalen Kurzhaarkatze und um ein Drittel dünner, so daß das Fell kurz und plüschig wirkt und am Rücken und am Schwanz besonders gewellt und gekräuselt ist. Die Schnurrhaare und Augenbrauen sind ebenfalls gekräuselt.

Die erste bekannte Katze mit dieser Art Fell wurde in den 40er Jahren in Deutschland geboren. Um 1950 hatte diese Katze in Ostberlin Nachkommen, die in die USA exportiert wurden und dort bei der Zucht der nordamerikanischen Rexkatze eine Rolle spielten. Es gab auch zwei isolierte Mutationen in den USA, 1953 in Ohio und 1959 in Oregon. Zu diesem Zeitpunkt wurde aber schon mit aus England eingeführten Katzen gezüchtet.

Die britischen Rexkatzen gehen auf eine Katze zurück, die 1950 auf einer Farm in Cornwall geboren wurde und das typische Fell besaß, und auf eine Katze, die zehn Jahre später im benachbarten Devon zur Welt kam. In England sind sie als zwei verschiedene Varianten anerkannt.

CORNISH REX

Unter den Nachkommen, die ein unbekannter Vater mit einer Schildpatt-Bauernkatze in Bodmin, Cornwall, erzeugte, befand sich ein einziges Kätzchen mit lockigem Fell. Dessen Nachkommen wiederum besaßen ebenfalls zur Hälfte lockiges Fell. Trotz ihrer Abstammung von gewöhnlichen Kurzhaarkatzen ist der Körper der Rexkatzen länger und schlanker und erinnert an den einer Siamkatze oder einer anderen orientalischen Rasse. Die Beine sind lang und gerade, die Pfoten klein und oval. Der Schwanz verjüngt sich zur Spitze hin. Der Kopf ist leicht keilförmig, die großen, gerundeten Ohren sitzen hoch am Kopf. Jede Farbe ist anerkannt, etwaige weiße Abzeichen müssen jedoch symmetrisch angeordnet sein (Ausnahme: Schildpatt mit Weiß). Ohren und Schwanz müssen dicht behaart sein: Die Augen sind oval und müssen farblich zum Fell passen. Cornish und German Rex haben denselben genetischen Code; aus Kreuzungen beider gehen wieder Rexkatzen hervor.

DEVON REX

Obwohl diese Variante ein ähnliches Fell hat, unterscheidet sie sich genetisch von den vorher genannten. Kreuzt man sie mit Cornish oder German Rex, sind die Nachkommen ausschließlich glatthaarig. Bei Kreuzungen in der zweiten Generation entstehen dann allerdings wieder Katzen vom Rextyp.

Die Devon Rex hat eine breitere Brust und einen kürzeren Hals als die Cornish Rex. Ganz anders ist der Kopf, der hier vollwangig ist und einen ausgeprägten Stop aufweist. Die Schnauze ist kurz, das Kinn stark, und die Schnurrhaarkissen sind deutlich eingebuchtet. Die großen Augen sind leicht länglich, die großen Ohren tief angesetzt. Anerkannt sind alle Farbschläge, mit Ausnahme von Zweifarbig. Weiße Abzeichen gelten außer bei Schildpatt mit Weiß als Fehler. Die Augenfarbe muß, zur Fellfarbe passend, entweder hellgrün, grün oder gelb sein. Eine Ausnahme ist die Si-Rex, die keine Variante ist, sondern einfach die Abzeichen der Siamkatze mit den entsprechenden blauen Augen hat.

Devon Rex

Sphinx

Die Sphinx, eine Nacktkatze, entstand 1966 in Ontario in Kanada als Zufallsmutation. Sie ist in Großbritannien und auch bei einigen amerikanischen Verbänden nicht anerkannt. Die Sphinx hat weiches, daunenartiges Wollhaar wie die Rex, lediglich an den großen Ohren, an der Schnauze, am Schwanz, an den Beinen und den Hoden der Kater. Manchmal läuft ein Streifen kurzes, drahtiges Haar das Rückgrat entlang, und das Gesicht ist mit weichem Flaum bedeckt. Augenbrauen und Schnurrhaare fehlen. Das Fell fühlt sich an wie Wildleder.
Obwohl die Sphinx keineswegs von orientalischen Katzen abstammt, hat sie den langen Körper, den spitz zulaufenden langen Schwanz, die kleinen, länglichen Pfoten und den eher keilförmigen Kopf des orientalischen Typs. Die Fellmutation scheint mit einer Mutation des gesamten Körperbaus zusammenzugehen.
Den Züchtern zufolge ziehen Sphinxkatzen den Umgang mit Menschen dem mit Artgenossen vor, lassen sich aber nicht gern streicheln, sondern rollen sich höchstens einmal im Schoß eines ihnen sympathischen Menschen zusammen. Die Haltung mit einer erhobenen Vorderpfote ist für die Rasse typisch geworden. Sie haben eine hohe Körpertemperatur, so daß sie schwitzen und es trotzdem gern warm haben, weil ihnen das Fell fehlt, das die Wärme im Körper hält. Mehr noch als andere Katzen suchen sie Wärmequellen, sie sind aber keineswegs zerbrechlich, sondern stark und muskulös.
Bei ausgewachsenen Katzen muß das Fell, außer am Kopf, straff und faltenlos sein. Durch die fast faßförmige Brust wirken die Beine leicht gebogen, was besonders bei Jungkatzen auffällt. Abgesehen von den schrägstehenden Augen sieht die Katze von vorn aus wie ein Boston Terrier. Alle für Kurzhaarkatzen anerkannten Fellfarben sind auch für Sphinxkatzen erlaubt.

Langhaarkatzen

Von den wilden Katzenarten haben einige, z.B. der Luchs und der Schneeleopard, ein etwas längeres Fell, wirklich langhaarig, wie es einige unserer Hauskatzen sind, ist aber keine von ihnen. Genetisch ist langes Haar gegenüber kurzem Haar rezessiv, und außerdem schafft es ohne das Eingreifen des Menschen einige Probleme. Eine Langhaarkatze schluckt z.B. bei der Fellpflege besonders viele Haare, die sich in den Eingeweiden zusammenknäulen und den Durchgang versperren können. Die Fellpflege ist überhaupt schwieriger, weil sich die langen Haare leichter verfilzen und den Schmutz festhalten. Wunden sind schwerer sauber zu halten und Parasiten schwerer zu bekämpfen. Eine langhaarige Katze muß daher regelmäßig vom Besitzer gekämmt und gepflegt werden.

Weder in der Literatur noch in der Kunst gibt es Hinweise darauf, daß es langhaarige Katzen schon in alter Zeit gegeben hätte. Die ersten, die Europäer zu sehen bekamen, scheinen im Mittleren Osten beheimatet gewesen zu sein und wurden von Reisenden als Kuriosität mitgebracht. In Italien wurden sie etwa um 1550 eingeführt, und in Frankreich waren sie im ausgehenden 16. Jahrhundert bekannt, aber sie blieben lange Zeit eine Seltenheit. Wenn man sie frei herumlaufen läßt, paaren sie sich mit Kurzhaarkatzen, und da das Langhaar rezessiv ist, besteht wenig Aussicht auf langhaarige Nachkommen. Der Gedanke, Langhaarkatzen bewußt zu züchten, scheint im Westen erst vor etwa 130 Jahren aufgekommen zu sein.

Nach allgemeiner Ansicht ähnelten die frühesten Langhaarkatzen wahrscheinlich den Angorakatzen und stammten aus der Türkei. Um die Mitte des 19. Jahrhunderts, als sich die Menschen erstmals für bestimmte Katzentypen begeisterten und sie bewußt zu züchten begannen, schwärmte man aber noch für einen schwereren Typ, allgemein als »Perser« bekannt. Nach Europa kam diese Katze vermutlich aus dem heutigen Iran, ihre eigentliche Heimat mag aber viel weiter östlich gelegen haben. Sie war nicht genau das, was wir heute unter einer Perserkatze verstehen, die das Endergebnis von über 100 Jahren gezielter Zucht nach den Wünschen der Käufer ist. Gegen Ende des 19. Jahrhunderts waren Langhaarkatzen beliebter als die gewöhnlicheren Kurzhaarkatzen, und die Katzenliebhaber hatten sehr bestimmte Vorstellungen davon, wie sie auszusehen hatten. Heute ist der Name »Perser« zu einem Synonym für Langhaarkatze geworden.

Linke Seite: Eine Chinchilla-Perserkatze mit ihren dunkelumrandeten Augen gehört zu den schönsten Langhaarkatzen.

Angora- oder Ankarakatze

Der Name »Angora« weist auf die türkische Stadt Angora (heute Ankara) hin, die auch der Ziege, die die Mohairwolle liefert, und dem Angorakaninchen ihren Namen gab. Wahrscheinlich waren die ersten in Europa bekannten Langhaarkatzen Angoras, aber gegen Ende des 19. Jahrhunderts verlagerte sich das Interesse auf die schwerere Perserkatze, und die Angorakatze starb selbst in der Türkei nahezu aus. Sie verdankt ihr Überleben nur einem Zuchtprogramm des Zoos von Ankara.

1963 durfte ein Pärchen Angorakatzen von Ankara in die USA exportiert werden, drei Jahre später gefolgt von einem weiteren Pärchen. Mit diesen vier Katzen wurde in den USA die Zucht wiederaufgebaut. Sie werden heute auch andernorts gezüchtet, sind in Europa aber nicht weit genug verbreitet, um als Rasse anerkannt zu werden.

Der Körper ist lang, der Kopf klein mit großen, aufrechtstehenden Ohren. Die großen, mandelförmigen Augen sind leicht schräggestellt. Auch die Beine sind lang, die Pfoten klein und rund. Die Hinterbeine sind etwas länger als die Vorderbeine, so daß die Kruppe etwas höher getragen wird. Der Schwanz ist lang und läuft spitz zu; wenn die Katze sich bewegt, trägt sie den Schwanz horizontal über dem Rücken. Das halblange Fell weist besonders in der Magengegend gern leichte Wellen auf. Haarbüschel an den Ohren und zwischen den Zehen sind erwünscht. Auch das Ohrinnere ist dicht behaart.

Die im Zoo von Ankara gezüchteten Katzen sind alle weiß, und Weiß ist die anerkannte Farbe für diese Rasse. Die Augen können blau, bernsteinfarben oder verschiedenfarben sein. Wie bei anderen weißen Katzenrassen besteht auch hier bei blauäugigen Exemplaren die Gefahr der Taubheit (s. S. 76). Fußballen, Lippen und Nasenspiegel müssen rosa sein. Früher kam die Angora auch in Schwarz, Blau und anderen Farben vor, und eines Tages wird es sie vermutlich auch wieder in diesen Farben geben. Sie ist sehr anhänglich und gelehrig.

Perserkatzen

Die Perserkatze hat einen kurzen, untersetzten Körper (massig und niedrig) mit geradem Rücken, tiefer Brust, einem kurzen, kräftigen Hals und einem massiven Schädel. Die Beine sind kurz und dick, die Zehen an den großen, runden Pfoten liegen dicht nebeneinander. Der Schwanz ist kurz, aber gut proportioniert zum Körper, und verjüngt sich nicht. Der Kopf ist breit, rund und vollwangig. Die Nase ist kurz und muß nach amerikanischem Standard beim Übergang zur Stirn einen ausgeprägten Stop aufweisen. Die Augen sind groß und rund, die Ohren klein und tief angesetzt, mit weitem Abstand voneinander. Sie sind nicht sehr breit im Ansatz, leicht nach vorn geneigt und haben abgerundete Spitzen. Das Fell ist üppig und weichfließend. Eine mächtige Krause bedeckt Hals und Brust, der Schwanz ist buschig, und an den Ohren und zwischen den Zehen sind dichte Haarbüschel vorgeschrieben. In Europa ist die Perser in vielen Farbschlägen anerkannt, die amerikanischen Verbände erkennen sogar noch eine Reihe weiterer Farben an. Meist werden auf beiden Seiten des Atlantiks an ein Ausstellungstier die gleichen Maßstäbe angelegt, gelegentlich kann es aber auch zu unterschiedlichen Bewertungen kommen.

PERSER SCHWARZ

Vorgeschrieben ist ein rein schwarzes Fell, aber diese Forderung wird nur von wenigen Exemplaren erfüllt. Selbst ein einzelnes weißes Haar sticht von dem tiefen Schwarz des Fells ab. Bei bestimmter Beleuchtung kommt auch oft eine bräunliche Tönung zum Vorschein, besonders während des Fellwechsels oder nach ausgedehnten Sonnenbädern. Es wird empfohlen, das Fell nach dem Bürsten mit dem Strich mit einem Stück Seide oder Wildleder abzureiben, was ihm einen besonderen Glanz verleiht und gleichzeitig dazu beiträgt, vereinzelte weiße Haare, die in der Regel gröber sind als die schwarzen, mitzuentfernen. Der Körperbau muß dem Rassestandard entsprechen. Dem nachtschwarzen Fell entsprechend müssen Fußballen und Nasenspiegel schwarz sein. Die großen Augen sind kupfer- oder dunkelorangefarben.

Perser schwarz

PERSER WEISS

Wie bei ihrem kurzhaarigen Gegenstück können die Augen entweder blau, orangefarben oder verschieden (ein Auge blau, eines orange) sein. Die Farben müssen auf jeden Fall intensiv und leuchtend sein. Ursprünglich kannte man nur den blauäugigen Typ, der aber wahrscheinlich mehr Angoravorfahren hatte als die anderen Perserkatzen. Zur Verbesserung des Persertyps wurde daher Perser blau eingekreuzt, der die Augenfarben Orange und Zweifarbig mitbrachte. Infolge dieser früheren Kreuzungen können im Wurf von Eltern mit gleichfarbigen Augen auch heute noch Jungtiere auftreten, die eine andere Augenfarbe aufweisen (im Rahmen der drei zugelassenen). Die Verbindung von weißem Fell und blauen Augen ist erblich mit einer Neigung zu Taubheit belastet. Nicht taub sind Katzen, die als Jungtiere einen Fleck dunkleren Fells aufweisen, auch wenn dieser später verschwindet. Die Perserkatze Weiß muß reinweißes Fell ohne jede Zeichnung haben. Nasenspiegel und Fußballen sind rosa.

PERSER BLAU

Jede Schattierung von Blau ist als Fellfarbe erlaubt, sofern sie rein und gleichmäßig ist. Jegliche Zeichnung und weiße Haare sind fehlerhaft. Die Augenfarbe ist ein tiefes, leuchtendes Kupfer oder Orange. Nasenspiegel und Fußballen sind blau. Bei diesem Farbschlag soll die Halskrause besonders dicht und üppig sein. Häufig entwickeln sich die schönsten Exemplare aus Jungkatzen mit einer deutlich sichtbaren, schattenhaften Tigerzeichnung.

PERSER ROT

Perser mit einfarbig rotem Fell sind auf beiden Seiten des Atlantiks anerkannt. Sie sind entstanden aus rotgestromten Persern. Die bei roten Kurzhaarkatzen so hartnäckige Tabby-Zeichnung ist bei Langhaarkatzen weniger deutlich sichtbar, obwohl sie selten ganz fehlt, besonders im Gesicht. Es kann bis zu 18 Monate dauern, bis sich das endgültige Fell entwickelt, das Tabby-Muster hat also auch bei einer stark gezeichneten Jungkatze noch genügend Zeit zu verblassen. Früher nannte man den Farbschlag Orange, das Fell sollte jedoch richtig rot sein, wenn auch zu orange tendierend.
Lippen und Kinn müssen dieselbe Farbe wie das Fell haben. Das oft auftretende Weiß oder Creme ist fehlerhaft. Auch die Schnurrhaare sind rot. Die Augen sind tief und leuchtend kupferfarben. Nasenspiegel und Fußballen sind ziegelrot. Die Rotfärbung hängt von einem Gen ab, das geschlechtsgebunden zu sein scheint. Da es verhältnismäßig wenige rote Kätzinnen gibt, greift man zur Zucht von einfarbig roten Persern auch auf schwarze und schildpattfarbene Perser zurück.

Perser weiß

Perser blau

Perser rot

PERSER CREME

Das cremefarbene Fell entsteht aus der Kombination von Rot-Genen und denen einer verdünnten Rotfärbung. Wahrscheinlich entwickelte sich diese Variante sowohl aus Kreuzungen sehr blaßroter Perser als auch aus der Paarung von roten und blauen Persern. Unter den ersten Exemplaren waren einige rehfarben, aber heute müssen sie heller sein. Da das Gen für Rot geschlechtsgebunden ist, kommen nur dann cremefarbene Kätzinnen zustande, wenn beide Eltern entweder cremefarben sind oder beide die Gene für Rot und für verdünntes Rot tragen. Die Augenfarbe ist ein intensives Kupfer. Nasenspiegel und Fußballen sind rosa.

PERSER GESTROMT ODER GETIGERT (Tabby)

Tabby-Perser können gestromt oder getigert sein (s. S. 51), die Zeichnung muß nur deutlich abgesetzt sein, wenn sie bei langem Haar an den Rändern auch weicher erscheinen mag als bei kurzem. Der Kontrast zwischen Grundfarbe und Zeichnung ist von Farbschlag zu Farbschlag verschieden stark.

Perser Silbergestromt (Silber Tabby)
Eine wirklich schöne Katze, auch wenn die Kopfform vielleicht nicht immer dem Ideal der Perserkatze entspricht, weil Gesicht und Nase nicht so flach sind wie bei einigen anderen Farbschlägen. Die glänzend schwarze Zeichnung auf silbernem Untergrund zusammen mit leuchtend grünen oder haselnußbraunen Augen und rotem Nasenspiegel wird immer Bewunderung erregen. Die Fußballen sind schwarz.
Viele der später attraktivsten silbergestromten Perser sind bei der Geburt sehr dunkel, mit Ausnahme der Beine und Flanken beinahe einfarbig schwarz. Die Zeichnung beginnt sich erst allmählich abzuheben und ist erst mit etwa sechs Monaten voll ausgebildet.

Perser Braungestromt (Braun Tabby)
Auch hier ist sowohl die getigerte als auch die gestromte Zeichnung anerkannt. Die Grundfarbe ist ein warmes Sandbraun, von dem sich die tiefschwarze Zeichnung deutlich abhebt. Die oft zu beobachtende Neigung zu helleren oder sogar weißen Flecken am Kinn und um

Perser silbergestromt

Perser braungestromt

Perser rotgestromt

Perser blaugestromt

Perser cremegestromt

Perser cameogestromt

die Lippen ist ausgesprochen fehlerhaft. Die Augen sind kupferfarben oder haselnußbraun. Der Nasenspiegel ist rot, die Fußballen sind entweder schwarz oder braun.

Perser Rotgestromt (Rot Tabby)
Vom warmen roten Grundton des Fells sollen sich dunkler rotgetönte Streifen deutlich absetzen. Die Augen sind dunkel kupferfarben, der Nasenspiegel ist ziegelrot, die Fußballen sind rosa.

Perser Cremegestromt (Creme Tabby)
Dies ist eine nordamerikanische Züchtung, die in Europa nicht anerkannt ist. Die Grundfarbe einschließlich der Lippen und des Kinns ist ein blasses Creme. Die Zeichnung in dunklerem Creme muß sich deutlich abheben, aber innerhalb der Farbskala der Verdünnung bleiben. Die Augen sind leuchtend kupfer- oder goldfarben, Nasenspiegel und Fußballen sind rosa.

Perser Blaugestromt (Blau Tabby)
Auch dieser Farbschlag ist nur in den USA, nicht in Europa anerkannt. Die Grundfarbe ist ein blaßblaues Elfenbein (auch an Lippen und Kinn), die Zeichnung ist dunkler blau. Das gesamte Fell hat einen Anflug von warmem Rehbraun. Die Augen sind leuchtend kupfer- oder goldfarben. Der Nasenspiegel ist altrosa, die Fußballen sind rosa. Diese Farbvariante taucht manchmal spontan in Würfen von braungestromten Persern auf, läßt sich aber auch aus der Paarung von braungestromten mit einfarbig blauen Persern erzielen.

Perser Cameogestromt (Cameo Tabby)
Auch diese Farbvariante ist nur in den USA, nicht in Europa anerkannt. Grundfarbe ist Naturweiß, die Abzeichen sind rot. Die Augen leuchten kupfer- oder goldfarben. Nasenspiegel und Fußballen sind rosa.

PERSER MIT PEKINESENGESICHT
(Peke-faced)
Diese Variante ist in Nordamerika seit über 50 Jahren bekannt, in Europa jedoch nicht anerkannt. Das Fell kann in allen Perser-Farben vorkommen.
Im Typ entspricht sie den anderen Perserkatzen, abweichend ist nur das Gesicht. Es wirkt eingedrückt, die Nase ist aufwärtsgerichtet, Schnauzenpartie sowie Augenwinkel weisen tiefe Falten auf. Die großen, runden Augen stehen leicht vor. Wie schon der Name sagt, besteht große Ähnlichkeit mit einem Pekinesen. Diese Katzen können viel Charme und Persönlichkeit haben, es besteht aber auch wie bei Pekinesen, Boxern und

Perser mit Pekinesengesicht

Silberschattierter Perser

Perser Chinchilla

ähnlichen Hunderassen mit eingedrücktem Gesicht die Gefahr von Atembeschwerden. Die Hautfalte unter den Augen kann den Tränenkanal blockieren, und manchmal treffen Unter- und Oberkiefer nicht richtig aufeinander.
Die Züchter müssen besonders sorgfältig darauf achten, schädliche Mißbildungen nicht in der Zucht zu verwurzeln, ein Problem, das sich bei der Zucht einer so extremen, vom eigentlichen Katzengesicht stark abweichenden Gesichtsform nicht vermeiden läßt. Bei manchen Katzen tritt der charakteristische Stop zwischen Nase und Stirn schon gleich nach der Geburt in Erscheinung, bei anderen entwickelt er sich erst im Verlauf der ersten sechs Monate.

PERSER CHINCHILLA

Die reinweiße Unterwolle mit dem langen, seidigen Deckhaar, das auf dem Rücken, an den Flanken, am Schwanz, am Kopf und an den Ohren schwarze Haarspitzen aufweist, macht diese Katze besonders auffallend. In den USA heißt diese Art auch Silberperser.
In Europa hat sich diese Katze allgemein mit einem kleineren und feingliedrigeren Körperbau durchgesetzt, in Amerika besteht man auf dem richtigen Persertyp. Die Wirkung der smaragdgrünen oder blaugrünen Augen wird durch die Umrandung mit dunkler Haut gesteigert. Das Ziegelrot des Nasenspiegels der ebenfalls schwarz umrandet ist, und die schwarzen Lippen verstärken noch den Eindruck. Die Fußballen sind schwarz.
Angeblich entstand diese Variante um 1880 in Großbritannien aus der Paarung einer silbergestromten und einer rauchfarbenen Perserkatze. Die ersten Exemplare sollen viel dunkler gewesen sein als heute. Geboren werden Chinchilla-Perser fast immer mit recht dunklem Fell und deutlicher Tabby-Zeichnung, besonders am Schwanz, die dann allmählich verschwindet.

PERSER SILBERSCHATTIERT

(Shaded Silver)
Wenn man den Chinchilla-Perser den Silberperser nennt, könnte man den silberschattierten Perser den Zinnperser nennen. Er sieht genauso aus wie ein Chinchilla-Perser, nur mit einem intensiveren

»Tipping«, das ihm insgesamt ein dunkleres Aussehen verleiht. Vom dunkelgefärbten Rücken soll die Farbe gleichmäßig heller werden bis zum weißen Kinn, Rücken und Bauch, während die Beinfärbung der des Gesichts entsprechen soll.
Chinchilla- und silberschattierte Perser können aus demselben Wurf stammen. Solange sie noch sehr jung sind, kann man sie nicht unterscheiden, weil aus den dunkelsten Jungkatzen manchmal die hellsten Exemplare werden. Da auch die erwachsenen Katzen oft schwer auseinanderzuhalten sind, wird die Rasse in England seit 1902 nicht mehr anerkannt, während sie in den USA, in Australien und auch von der FIFE als eigener Farbschlag anerkannt sind. Die Augen müssen wie beim Chinchilla-Perser dunkelgrün oder blaugrün sein. Der Nasenspiegel ist ziegelrot, die Fußballen sind schwarz.

PERSER RAUCHFARBEN SCHWARZ

(Smoke)
Dieser Farbschlag könnte aus Paarungen zwischen schwarzen oder weißen mit anderen Persern, die Agouti (Silberungsfaktor) tragen, stammen. Die Unterwolle ist weiß, das Deckhaar ist zu einem Drittel weiß und zu zwei Dritteln schwarz gefärbt. Rücken, Kopf und Beine wirken stark schwarz, während die Flanken nach Silber zu schattieren. In Ruhestellung wirkt die Katze schwarz, in der Bewegung scheint die weiße Unterwolle durch. An den Beinen und im Gesicht sind die Haare bis auf einen schmalen weißen Ansatz schwarz. Die üppige Halskrause und die Ohrbüschel schimmern silbrig. Die Augen sind leuchtend kupfer- oder orangefarben. Nasenspiegel und Fußballen sind schwarz.

PERSER RAUCHFARBEN BLAU

(Blue Smoke)
Mit Ausnahme der Farbe entspricht diese Katze in allem dem Perser rauchfarben schwarz. Die Haarspitzen sind jedoch weitgehend blau gefärbt, und auch Nasenspiegel und Fußballen müssen blau sein. Die Augen sind kupfer- oder orangefarben.

PERSER CAMEO SHELL

Dieser Farbschlag ist in den USA seit 20 Jahren anerkannt, in Europa erst seit 1974, obwohl seit vielen Jahren vorhanden. Er entstammt einer Kreuzung von Chinchilla- und roten Persern, die eine rote Version des Chinchilla-Persers ergab. Nach dem amerikanischen Standard hat die Unterwolle elfenbeinfarben zu sein, in Europa tendiert man mehr zu naturweiß bis hellcreme. Das Deckhaar hat eine ganz leichte rote Spitzenfärbung, die dem Fell einen rosa Hauch verleiht. In Europa ist auch ein cremefarbenes »Tipping« üblich, das in den USA als fehlerhaft gilt. Das Fell soll am Oberkopf, an den Ohren, am Rücken und an der Oberseite des Schwanzes eine leichte Spitzenfärbung aufweisen und auf der Brust, an Kinn und Bauch sowie an der Unterseite des Schwanzes völlig einfarbig sein. Auch die Ohrbüschel sind einfarbig, an Gesicht und Beinen dagegen ist leichtes Tipping erlaubt. Der obere und untere Lidrand ist rosa und bildet eine Umrandung der großen, kupferfarbenen Augen. Nasenspiegel und Fußballen sind ebenfalls rosa.

PERSER CAMEO SHADED

Hier handelt es sich um eine etwas dunklere Version des Persers Cameo Shell, sie entspricht diesem bis auf die intensivere Farbgebung genau.

PERSER RAUCHFARBEN CAMEO

(Cameo Smoke)

Diese dunkelste Version der Cameo-Färbung, auch Red Smoke genannt, ist das rote Äquivalent der anderen Smoke-Varianten. Verschiedene Verbände setzen die Farbe der Unterwolle leicht voneinander abweichend zwischen Weiß oder Elfenbein und Creme an. Das Deckhaar hat eine so intensiv rote Spitzenfärbung, daß die Katze einfarbig rot wirkt. Die blasse Unterwolle schimmert nur in der Bewegung durch. Bis auf die rote Farbe entspricht sie in allem den anderen rauchfarbenen Persern. Nasenspiegel, Augenumrandung und Fußballen sind rosafarben.

PERSER ZWEIFARBIG (Bicolor)

In Europa ist jede einfarbige Farbe in Verbindung mit Weiß zugelassen, in den USA, wo man auch von Parti-coloured spricht, dürfen die Flecken außer Weiß nur Schwarz, Blau, Rot oder Creme sein. Die Flecken in dem langen, seidigen Fell müssen klar voneinander abgesetzt sein und sich auch auf das Gesicht erstrekken. Besonders erwünscht sind weiße Abzeichen in Form einer Blesse zwischen Nase und Stirn oder eines umgekehrten V im Gesicht. Die großen, runden Augen sind dunkelorange oder leuchtend kupferfarben. Nasenspiegel und Fußballen müssen den Fellfarben entsprechen.

Perser Bicolor

Amerikanischer Perser blaucreme

Europäischer Perser blaucreme

PERSER BLAUCREME

In den USA müssen die zweifarbigen Flecken deutlich voneinander abgesetzt sein, während sie sich in Europa vermischen sollen zu einer Art changierendem Seidenschimmer. In Amerika ist auch eine cremefarbene Blesse sehr beliebt. Die Augen müssen dunkelorange oder intensiv kupferfarben sein. Sowohl Blau als auch Creme sind verdünnte Farben (von Schwarz und Rot). Die meisten Blaucreme-Perser sind weiblich; Kater dieser Färbung sind anscheinend noch nie erfolgreich zur Zucht verwendet worden. Gelegentlich werfen Schildpatt-Persermütter blaucremefarbene Junge, die dann eigentlich verdünnte Formen von Schildpatt sind. Häufiger aber entstammen sie der Kreuzung von blauen mit cremefarbenen Persern, was auch die Gefahr vermindert, daß sich das Rot der Schildpattfärbung wieder durchsetzt.

PERSER SCHILDPATT

Die drei Schildpatt-Farben Rot, Creme und Schwarz müssen gut abgesetzt gleichmäßig über Körper, Gesicht, Beine und Pfoten verteilt sein. Besonders erwünscht ist eine rote oder cremefarbene Blesse von der Nase zur Stirn. Die schwarze Farbe darf nicht dominieren. Bei Langhaarkatzen ist eine deutliche Farbabgrenzung viel schwerer zu erreichen; sie fällt auch nie so klar aus wie bei Kurzhaarkatzen.

Die Augen sind kupferfarben oder dunkelorange. Nasenspiegel und Fußballen sind dreifarbig wie das Fell.

Auch dieser Farbschlag entsteht nicht aus Kreuzungen gleichfarbiger Elternteile; stattdessen wird oft ein schwarzer oder cremefarbener Kater verwendet. Auch Rot ist möglich, sofern es sich um einfarbiges Rot handelt. Die Nachkommen rotgestromter Perserkater würden wahrscheinlich ihrerseits gestromt werden. In einem Wurf kommen die verschiedensten Farben vor, je nach Farbe des Katers: Creme, Schwarz, Blaucreme, oder Rot. Eine Garantie dafür, daß auch nur ein einziges Junges die Schildpattfarbe trägt, gibt es nicht.

PERSER SCHILDPATT MIT WEISS

Der britische Standard für diesen Farbschlag unterscheidet sich leicht von dem der entsprechenden Kurzhaarkatze. Die dreifarbigen Flecken sollen nämlich gebrochen und mit Weiß vermischt sein. Bei Kurzhaarkatzen sind sie vermehrt an der Oberseite erwünscht, während die Unter-

Perser Schildpatt

seite eher weiß sein soll. Das Verhältnis der Farben muß aber auch hier ausgewogen sein; nicht mehr als zwei Drittel des Fells sollen farbig sein, nicht mehr als die Hälfte darf weiß sein.
Nach dem Standard einiger amerikanischer Verbände muß die Farbverteilung mehr der von Kurzhaarkatzen entsprechen, d.h. Beine, Pfoten und Unterseite bis zur Hälfte des Körpers sollten weiß sein und die Nase und die Halskrause weiße Flecken aufweisen. Die Augen sind dunkelorange oder leuchtend kupferfarben. Nasenspiegel und Fußballen sind dreifarbig wie das Fell. Manche amerikanischen Verbände machen keinen Unterschied zwischen Perser Calico und der europäischen Perser Schildpatt.

PERSER CALICO
Diese nordamerikanische Rasse ist entweder weiß mit roten und schwarzen Flecken oder weiß mit roten, schwarzen und cremefarbenen Flecken. Der Bauch muß weiß sein, und Weiß sollte auch die überwiegende Farbe an Brust, Beinen, Pfoten und im Gesicht sein. Eine weiße Blesse ist erwünscht. Bei manchen Verbänden ist sie das amerikanische Äquivalent zur europäischen Perser Schildpatt mit Weiß, bei anderen bildet sie eine eigenständige Rasse. Meist hat die Calico mehr Weiß im Fell als die Schildpatt mit Weiß. Calico-Perserkater kommen kaum vor und sind gewöhnlich unfruchtbar.

PERSER BLAUSCHILDPATT MIT WEISS
Diese Katze ähnelt dem Calico-Perser, die Flecken sind jedoch Blau und Creme (die verdünnten Formen von Schwarz und Rot) auf Weiß. Auf der Unterseite dominiert die weiße Farbe. Die Augen sind leuchtend kupferfarben.

Perser Schildpatt mit Weiß

Perser Calico

Perser Blauschildpatt mit Weiß

Maine-Coon-Katze

Maine Coon

Diese hübsche amerikanische Katzenrasse verdankt den ersten Teil ihres Namens dem Ostküstenstaat Maine, den zweiten Teil dem Aberglauben, sie sei aus einer Kreuzung zwischen Waschbär (raccoon) und Hauskatze entstanden, was aber eine biologische Unmöglickeit darstellt.

Maine-Coon-Katzen gibt es schon lange. Sehr beliebt waren sie in der zweiten Hälfte des 19. Jahrhunderts, dann gerieten sie in Vergessenheit, bis sich um 1950 das Interesse wieder belebte. Aus ihrem Äußeren läßt sich unschwer auf ihre Abstammung schließen. Sie weisen charakteristische Eigenschaften sowohl der Amerikanisch Kurzhaar als auch der Angora auf, sind also wahrscheinlich ein Produkt aus Kreuzungen zwischen den von europäischen Siedlern mitgebrachten Kurzhaarkatzen und Angorakatzen, die Seeleute später von ihren Reisen mitbrachten. Angeblich lebten diese Katzen früher wild in Neu-England.

Maine-Coon-Katzen haben nicht den kurzen, stämmigen Körperbau der Perserkatzen, und auch das Fell ist nicht so lang. Sie können sehr groß werden (manche werden bis zu 15 kg schwer), haben aber feine Gesichter mit hoch angesetzten Backenknochen und großen, aufrechtstehenden, spitz zulaufenden Ohren und leicht schräg gestellten, mandelförmigen Augen. Die Nase ist lang und weist wenig bis überhaupt keinen Stop auf. Nacken, Körper und Schwanz sind lang, Muskeln und Beine kräftig entwikkelt.

Die Winter in Maine sind rauh, und infolgedessen hat die Maine Coon ein kräftiges Fell, das zwar nicht so lang ist wie beim Perser, aber doch dicht und schwer. Es ist an den Schultern kurz, wird nach hinten immer länger und endet in fransigen, schweren »Hosen«. An den Seiten wird es zum Bauch zu ebenfalls immer länger. Die Schwanzhaare sind lang und dicht. Die Halskrause beginnt am Ohransatz, die Ohren selbst sind gut bebüschelt. Die Maine Coon ist leicht zu pflegen, weil sie wenig Unterwolle besitzt und das Fell sich selten verfilzt. Viele Farbschläge und Zeichnungen sind zugelassen: Weiß, Schwarz, Blau, Creme, alle Tabby-Farben und -Zeichnungen, Schildpatt, Schildpatt mit Weiß, Calico, Blaucreme und Zweifarbig. Sie kommt auch in Tabby-Zeichnung mit Weiß vor, einer Farbstellung, die weder in den USA noch in Europa für Kurz- oder Langhaarkatzen anerkannt ist. Die Augen dürfen alle Schattierungen von Grün, Gold oder Kupfer aufweisen; sie müssen nicht der Fellfarbe entsprechen. Weiße Maine Coon können auch blaue oder verschiedenfarbige Augen haben. Nasenspiegel und Fußballen müssen zum Fell passen.

Perser Colourpoint

(Khmer, Himalayan)

Diese Katze ist vom Typ her eine Perserkatze, hat jedoch die Farbe und Zeichnung einer Siamkatze. In den USA wird sie Himalayan genannt, während dort die Schreibweise »*Color*point« eine andere Rasse (s. S. 110) bezeichnet.
Kreuzt man Langhaarkatzen direkt mit Siamesen, ähneln die Jungen keinem der beiden Elternteile. Die dominanten Gene bringen ein kurzhaariges, einfarbiges Fell hervor. Die rezessiven Gene für Langhaar und die »Points«, die dunklen Abzeichen der Siamkatze (S. 103), gehen aber nicht verloren, sondern können in nachfolgenden Würfen in Erscheinung treten, und zwar hat in der zweiten Generation etwa jedes 16. Junge langes Haar und die Siam-Abzeichen. Höchstwahrscheinlich haben diese Abkömmlinge aber nicht den stämmigen Körperbau der echten Perserkatze. In Europa kreuzt man sie deshalb wieder mit anderen Langhaarkatzen, während man in den USA mit den Exemplaren weiterzüchtet, die dem Typ des Persers am nächsten kommen, bis man eine Katze vom korrekten Persertyp erzielt.
Zuchtversuche in dieser Richtung wurden vor dem Zweiten Weltkrieg schon in Schweden, Nordamerika und Großbritannien gemacht, führten aber nur zu einigen langhaarigen Siamesen. Die neue Rasse erschien erst um 1940 herum. 1955 war sie in England genügend gefestigt, um als eigene Rasse anerkannt zu werden. Da schwarze und blaue Perser bei der Züchtung eine führende Rolle gespielt hatten, waren die Farbschläge Seal (Schwarzbraun) und Blue die ersten, die anerkannt wurden. In Amerika wurde die Rasse zwei Jahre später unter dem Namen »Himalayan« anerkannt.
Diese Katze hat den stämmigen Körper und die kurzen, kräftigen Beine, die kleinen, tiefangesetzten Ohren, kurze Nase und vollen Wangen sowie die runden Augen der Perserkatze. Die Augen sind immer leuchtend blau. Das Fell ist lang, dick und weich in der Textur, Hals und Brust sind von einer üppigen Krause bedeckt. Der Schweif ist buschig, die Ohren gut bebüschelt. Farbe und Abzeichen sind die der Siamkatze, d.h. Gesichtsmaske, Ohren, Pfoten, Beine und Schwanz sind dunkel abgesetzt von einer hellen Grundfarbe. Zusätzlich zu dem ursprünglichen Blau und Seal sind in Europa heute anerkannt, Schokoladenbraun, Lila, Rot, Schildpatt und Creme, alles Farben, die auch bei Siamesen anerkannt sind, außerdem Blaucreme, Schokoladecremepoint und Lilacremepoint, die es bei Siamesen nicht gibt. In den USA kennt man noch weitere Farbschläge, weil die Schildpatt entweder eine Seal-Creme-, Blau- oder Lila-Schildpatt sein kann, jeweils in Verbindung mit Rot und/oder Creme. Außerdem können sie Rot, Lila oder Seal Lynxpoint sein (entsprechend der Siam Lynx oder Tabbypoint).

Birmakatze

Die Birmakatze ist eine Langhaarkatze mit dunklen Abzeichen wie die Siamkatze, hat aber weiße Pfoten. Sie ist vom Typ her keine Perserkatze und stammt auch nicht vom gewöhnlichen Typ der Langhaarkatze ab. Angeblich kommt die Rasse aus Birma, mit Verbindungen nach Tibet und Kambodscha. Die erste Vertreterin ihrer Rasse im Westen war eine trächtige Katze, die nach Frankreich eingeführt wurde. Sie wurde als »Le Chat Sacré de Birmanie«, die Heilige Katze aus Birma bekannt.
Eine Legende erzählt von einer weißen Katze, die im Tempel der Göttin Tsun-Kayan-Kse in Lao-Tsun lebte. Die Priester dort hielten weiße Katzen, weil in diesen angeblich die Geister der Verstorbenen weiterlebten. Eines Nachts wurde der Tempel überfallen, und im Verlauf der Kämpfe wurde der Hohepriester getötet. Als er starb, stand die Katze zu seinen

Perser Colourpoints (Himalayans)

Häupten, im Angesicht der Gottheit, und als sein Geist in ihren Körper fuhr, nahm das Fell den goldenen Schimmer der Gottheit an, die Augen wurden saphirblau wie die der Göttin, die Beine wurden braun wie die Erde, von der alles Leben kommt, und die Pfoten behielten die Farbe, die des Hohepriesters Haar gehabt hatte: Weiß, das Symbol der Reinheit. Dieses Wunder erfüllte die anderen Priester mit neuer Zuversicht, so daß sie die Angreifer in die Flucht schlugen. Am nächsten Morgen entdeckten sie, daß alle Katzen ihre Farbe verändert hatten, und seit damals werden auch ihre Jungen mit diesen Farben und Abzeichen geboren. Zwei dieser Birmakatzen wurden 1919 als Dank für französische Hilfe nach Frankreich gesandt. Die eine überlebte die Reise nicht, die andere war die bereits erwähnte trächtige Katze, von der alle Birmakatzen im Westen abstammen. In den USA hat die Goldfärbung bei der Sealpoint einem hellen Rehbraun bis Creme Platz gemacht. Reinblütige Katzen sollen sich aber noch immer durch einen Goldschimmer des Rückenfells auszeichnen. In Europa ist der Goldschimmer unabdingbar. Der Standard spricht von einem Beige mit leichtem Goldschimmer. Abzeichen und Gesichtsmaske sind dunkel wie bei der Siam. Die Pfoten sehen aus, als sei die Katze gerade in Schlagsahne getreten. Die weißen »Schuhe« enden in gerader Linie am dritten Gelenk und ziehen sich an der Rückseite der Hinterbeine spitz nach oben (die sogenannten »Sporen«).

Birmakatze Bluepoint

Birmakatze Sealpoint

Die Birma hat einen langen, aber recht kräftigen Körper. Der Kopf ist breit und gerundet und ähnelt wegen der halblangen Nase weder dem der Perser noch dem der Siam. Die Ohren sind größer als bei der Perserkatze, Schwanz und Beine länger. Das Fell ist lang, von seidiger Textur und kräuselt sich in der Bauchgegend. Der Schwanz ist von mittlerer Länge und nicht buschig wie bei der Perserkatze, sondern lang und seidig behaart. Wie in der Legende beschrieben war die Sealpoint die ursprüngliche Farbe: beiges Fell mit sealbraunen Abzeichen und Nasenspiegel, rosa Fußballen (anders als bei der Siam), weißen »Schuhen« und leuchtend blauen Augen. Als nächstes kam die Blue Point mit einer bläulichweißen Grundfarbe, die an Brust und Bauch fast zu Weiß wird, und dunkelblauen Abzeichen. Der Nasenspiegel ist schiefergrau, die Fußballen sind rosa und die Augen blau. In den USA sind auch Chocolate und Lilac Point anerkannt, die in der Färbung den gleichnamigen Siam-Farbschlägen entsprechen müssen.

Somalikatze

Die Somalikatze ist eine langhaarige Version der Abessinierkatze (S. 100) und ist in Europa noch nicht anerkannt. Sie trat als spontane Mutation wahrscheinlich zuerst in Kanada, aber auch in den USA und in Europa auf.
Im Körperbau gleicht sie aufs Haar der Abessinierkatze. Der Körper ist lang und

Somalikatze wildfarben (normal)

Somalikatze rot

Ragdoll-Katzen

geschmeidig, der Schwanz am Ansatz dick und spitz zulaufend. Der Kopf weist eine leicht gerundete Keilform auf, die Ohren sind groß und spitz, die Augen mandelförmig. Das Fell hat die gleiche Wildfärbung (Agouti) mit den gleichen Abzeichen im Gesicht, ist aber lang, weich und seidig. Horizontale Haarbüschel in den Ohren und Büschel an den Ohrspitzen sind vorgeschrieben, eine üppige Krause und »Hosen« erwünscht. Der Schwanz ähnelt einer Feder. Es gibt die Somali wildfarben (normal) oder rot. Die Augen sind von warmer Goldfarbe oder intensiv grün.

Ragdoll

Diese nordamerikanische Rasse hat den Körper und das Fell der Birmakatze, und so wurde sie auch erstmals anerkannt. Heute erkennen einige Verbände auch eine zweifarbige und eine Colourpoint-Version (d.h. Siam-Abzeichen mit dunklen Pfoten) an. Der Unterschied zu jeder anderen Katzenrasse liegt jedoch nicht im Äußeren.

Die ersten Ragdoll-Katzen wurden von einer Katze geboren, die bei einem Unfall verletzt worden war. Die Kätzchen waren alle weich und schlaff und hingen wie Stoffpuppen (ragdolls) herunter, wenn man sie hochnahm. Sie schienen keinen Schmerz zu fühlen und keine Furcht zu kennen, aber auch kein Bewußtsein für Gefahren zu haben – Eigenschaften, die wenig geeignet sind, vor Schaden zu schützen und das Überleben zu sichern. Sie sind angenehm und ruhig und haben sehr sanfte Stimmen. Nach den Worten des ersten Züchters sind sie das Ähnlichste, was man bekommen kann, wenn man eigentlich ein richtiges Baby möchte, sich aber mit einem Tier zufrieden geben muß. Ob man sich von dieser Eigenschaft angesprochen fühlt, hängt davon ab, was man sich unter einer Katze vorstellt. Ragdoll-Katzen verlangen die ungeteilte Aufmerksamkeit ihrer Besitzer, weil sie Krankheit oder Schmerzen kaum je erkennen lassen. Man muß sie

schon sehr sorgfältig beobachten, um feststellen zu können, wenn etwas nicht stimmt.
Der ursprüngliche Ragdoll-Typ hatte die »weißen Schuhe« der Birmakatze, und dies ist der einzige Typ, der vom ersten Züchter und einem amerikanischen Verband anerkannt ist. Zwei weitere Versionen wurden von anderen Verbänden anerkannt, und zwar Zweifarbig und Colourpoint (S. 90). Die meisten Ragdoll-Katzen sind sehr groß mit dickem Fell, üppiger Krause und einem langen, dikken Schwanz.
Daß durch einen Unfall die Genstruktur der Nachkommen verändert wird, ist so gut wie ausgeschlossen. Dies kann nur durch Strahlung geschehen. Möglicherweise ist die Ragdollkatze das Ergebnis einer spontanen Mutation.

Kymrische Katze

(Manx Langhaar)

Die amerikanische Katze ist in allen Punkten, ausgenommen das Fell, eine Manxkatze (s. S. 65). Das Langhaar ist nicht das Ergebnis einer Paarung mit Langhaarkatzen, sondern Erbgut eines einzigen langhaarigen Kätzchens, das als spontane Mutation in einem Wurf kurzhaariger Manxkatzen geboren wurde. Alle Vorfahren waren über einige Generationen reinrassige Manx. Die Kymrische Katze (Kymren heißen die keltischen Bewohner von Wales), wie sie in Kanada genannt wurde, oder Manx Langhaar, wie sie in den USA heißt, hat halblanges Fell, das weicher ist als bei der Manx. Wie bei der kurzhaarigen Manx fehlen die Schwanzwirbel, und die Hinterbeine sind länger. Anerkannte Fell- und Augenfarben wie bei der Manxkatze.

Kymrische Katze

Balinesische Katze

Auch hier handelt es sich um die natürliche Mutation einer ursprünglich kurzhaarigen Rasse, diesmal der Siam. Kopf, Körper, Schwanz und Beine sind genau wie bei der Siam geformt, und wie bei ihr sind dunklere Abzeichen und eine dunkle Maske von einer hellen Grundfarbe abgesetzt. Auch in ihrer Lebhaftigkeit und Intelligenz gleicht sie der Siam.
Abgesehen von der oberflächlichen Ähnlichkeit der Zeichnung hat diese Rasse nichts gemein mit der Colourpoint oder der Birmakatze. Anfangs waren die Züchter von Siamkatzen unglücklich über die gelegentlich auftretenden langhaarigen Mutanten in ihren Würfen; diese hatten jedoch ein besonders weiches, seidiges Fell. Als erste erkannten amerikanische Züchter ihre Attraktivität. Sie paarten die spontanen langhaarigen Mutanten miteinander und erzielten so eine Katze mit langwallendem Fell. Heute hat die Rasse auch in Europa begeisterte Anhänger, ist aber noch nicht zahlreich genug vertreten, um anerkannt zu werden. In den USA ist die Balinesische Katze in den Farbschlägen Seal Point, Blue Point, Chocolate Point und Lilac Point anerkannt. Möglicherweise wird auch in Europa eine große Farbskala anerkannt.

Balinesische Katze
lila Abzeichen

Balinesische Katze
braune Abzeichen

Türkische Katze
(Van-Katze)

Die Türkische Katze, nach ihrer Heimat am türkischen Van-See auch Van-Katze genannt, ähnelt vom Typ her am meisten der Angora, die ebenfalls aus der Türkei stammt (s. S. 74).
Der Körper ist lang und kräftig, die Beine sind von mittlerer Länge, die Pfoten gerundet und zwischen den Zehen mit Haarbüscheln bewachsen. Der keilförmige Kopf ist trotz der langen Nase nicht so lang wie bei der Siam. Die großen, aufrechten Ohren stehen verhältnismäßig eng und sind dicht behaart. Die Augen sind rund und von heller Bernsteinfarbe. Das Fell ist lang, weich und seidig und besitzt keine Unterwolle. Die Grundfarbe ist kalkweiß, der volle Schwanz ist kastanienbraun mit schwachen dunkleren Ringen. Vom Ohransatz ausgehend ist auch das Gesicht braun gezeichnet, das Gesicht selbst, die Blesse und die Ohren sind weiß. Nasenspiegel und Fußballen sind rosa wie das Innere des Ohrs, und die Augen sind rosa umrandet. In Schweden kommt die Türkische Katze auch in anderen Farbschlägen vor; sie stammt aus anderen türkischen Provinzen. Besonders die männlichen Tiere sind kräftig und muskulös mit starkem Hals und starken Schultern. Sie haben sich dem harten Winter in ihrer Heimat (das halbe Jahr liegt Schnee) angepaßt. Katzen mögen im allgemeinen Wasser nicht besonders, können aber schwimmen, wenn sie müssen. Die Türkische Katze dagegen scheint das Wasser geradezu zu lieben und läßt sich ebenso gern baden, wie sie in seichten Gewässern schwimmt. Die richtige Badetemperatur ist 38° C, was der Körpertemperatur der Katze entspricht. Außer an heißen, sonnigen Tagen trocknet man die Katze nach dem Baden schnell mit einem warmen Tuch ab und läßt sie nicht mit nassem Fell herumliegen.
Die ersten Türkischen Katzen brachte eine britische Züchterin als Geschenk türkischer Freunde mit nach Hause. Später führte sie weitere Exemplare ein und baute damit allmählich eine Zucht auf. Es gibt aber immer noch nur wenige dieser anhänglichen und intelligenten Katzen, und da sie im allgemeinen kleine Würfe haben, werden sie wohl auch noch eine Weile schwer erhältlich sein. In den USA gibt es sie noch nicht.

Exotische Kurzhaarkatzen

Die exotischen (engl.: foreign) Kurzhaarkatzen kamen ursprünglich zum Teil aus dem Orient. Die bekanntesten und typischsten Vertreter dieser Gruppe sind die Siamkatzen und ihre Verwandten; auch die Russisch Blau, die Abessinier, Havana, Birma und Korat sollen hier dazu gezählt werden. Die Japanische Stummelschwanzkatze wurde in diese Gruppe eingereiht, weil sie ihr in mancher Hinsicht näher steht als den anderen Kurzhaarkatzen. Wegen ihres exotischen Äußeren könnte man auch die Rex und die Sphynx dazuzählen, da diese aber von normalen Kurzhaarkatzen abstammen, wurden sie innerhalb dieser Gruppe beschrieben (s. S. 69–71).

Exotische Kurzhaarkatzen haben gemeinsam den keilförmigen Kopf, große, gespitzte Ohren, schräggestellte Augen, einen geschmeidigen Körper auf langen Beinen und einen langen, spitz zulaufenden Schwanz. Kleinere Unterschiede bestehen aber zwischen den einzelnen Rassen. Die Fellpflege bereitet keine Schwierigkeiten. Einfaches Bürsten mit einer kurzborstigen Bürste oder sogar die Pflege nur mit der Hand genügt, abgestorbene Haare zu entfernen und das Fell auf Hochglanz zu bringen. Diese wenig anspruchsvolle Pflege ist besonders während des Haarwechsels wichtig oder bei Katzen, die die meiste Zeit in geheizten Räumen verbringen.

Die Exotisch Kurzhaar ist normalerweise kein Einzelgänger, sondern liebt Gesellschaft von Menschen oder anderen Katzen. Wenn die Besitzer den ganzen Tag außer Haus sind, ist es besser, ihnen ein anderes Tier zur Gesellschaft zu geben. Sie werden früher geschlechtsreif als andere Katzen; Kätzinnen können schon mit sechs Monaten rollig werden.

Linke Seite: Die Siamkatze mit dunkelbraunen Abzeichen ist die typische Vertreterin der geschmeidigen und anmutigen exotischen Kurzhaarkatzen.

Russisch Blau

Früher wurde die Russisch Blau auch als Archangelsk-Katze bezeichnet. Es ist durchaus möglich, daß britische Seeleute sie aus Rußland mitbrachten, denn zur Zeit Elizabeths I. bestanden feste Handelsbeziehungen zwischen England und Archangelsk. Aufmerksamkeit erregten die blauen Katzen aber erst gegen 1860. Die Archangelsk-Katze hatte einen kleinen, dreieckigen Kopf und einen langen, schlanken Körper. Das Fell war dick, weich und seidig. Jahrhundertelang hatte man Katzen mit blauem Fell entweder Malteser oder Spanische Katzen genannt, was zu einiger Verwirrung bezüglich ihrer Herkunft führte. Früher gab es auch noch eine British Blue, und die Grenzen zwischen den beiden Rassen waren fließend. Sie wurden miteinander gekreuzt und waren bei Ausstellungen in einer Klasse. Erst kurz vor Ausbruch des 1. Weltkriegs wurden sie in getrennte Klassen eingeteilt. Damals nannte man die Russisch Blau die »Blue Foreign«, ein Name, den sie auch noch einige Zeit beibehielt.

Skandinavische Züchter kreuzten 1944 ihre einzige Russisch Blau mit einem Siamkater, was bald von anderen Züchtern nachgeahmt wurde und zu einer allgemeinen Verwandlung des Typs führte. Ab 1965 gab es Bestrebungen, der Katze ihre ursprüngliche Form wiederzugeben, und der britische Standard wurde dahingehend abgeändert.

In ihrer modernen Form hat die Russisch Blau einen kurzen, keilförmigen Kopf mit gerader Nase, starkem Kinn und ausgeprägten Schnurrhaarkissen. Die mandelförmigen Augen leuchten in lebhaftem Grün und stehen weit auseinander. Die Ohren sind groß und spitz, am Ansatz breit und stehen senkrecht auf dem Kopf; sie haben eine sehr dünne, fast durchsichtige Haut und dürfen innen kaum behaart sein. Lange Beine tragen einen langen grazilen Körper mit verhältnismäßig langem, spitz zulaufendem Schwanz. Das doppelte Fell ist seidig weich und sehr dick, und die einzelnen Haare sind vom Ansatz bis zur Spitze blau mit einem deutlichen silbrigen Schimmer. Nasenspiegel und Fußballen sind blau.

Die europäische Form hat mehr vom Orientalen als die amerikanische, die weniger spitze und tiefer angesetzte Ohren hat. Amerikanische Züchter ziehen hellere Fellfärbungen vor, sogar eine silberne Spitzenfärbung ist erwünscht; der Nasenspiegel ist schiefergrau, die Fußballen sind lavendelfarben oder mauve.

Abessinier

Erstmals als eigene Rasse eingetragen wurde die Abessinierkatze 1882. Über ihre Herkunft bestehen nur Vermutungen. So wird behauptet, sie stamme direkt von den Katzen der ägyptischen Pharaonen ab und sei von englischen Soldaten nach den Zulu-Kriegen von 1868 aus Äthiopien mitgebracht worden. Nach anderer Auffassung ist sie das Ergebnis eines gezielten Zuchtprogramms britischer Züchter, die eine Katze im antiken Typ züchten wollten und dazu Tabby-Katzen mit der Agouti-Zeichnung benutzten, bei denen also die einzelnen Haare gebändert oder gestreift waren (»Ticking«), was bei Tabby-Katzen manchmal vorkommt. Auf jeden Fall hat die Abessinierkatze Ähnlichkeit mit der afrikanischen Falbkatze und auch mit den antiken ägyptischen Katzendarstellungen.

Die Katze ist mittelgroß und kräftig gebaut, dabei aber elegant und geschmeidig. Der Körper und der spitz zulaufende Schwanz sind verhältnismäßig lang, die Beine dünn mit kleinen, ovalen Pfoten. Der Kopf ist breit und keilförmig mit schön geschwungenen Linien. Die Nase ist nicht spitz, sondern wird durch die Einbuchtung auf jeder Seite ausgeformt. Der Nasenrücken steigt zur Stirn hin leicht an, die Brauengegend ist etwas vorgewölbt, das Kinn fest. Die großen, am Ansatz breiten Ohren sind gespitzt; Ohrbüschel werden gern gesehen. Die Augen sind groß und mandelförmig.

Das Fell ist kurz und feinhaarig, und jedes einzelne Haar trägt zwei oder drei Farbstreifen. Streifen an den Beinen, der Brust oder am Schwanz sind nicht erlaubt, nur die Schwanzspitze und die

Abessinier wildfarben (normal)

Rückseite der Hinterbeine müssen dunkler gefärbt sein. Um die Augen läuft eine dunkle Linie, und dunkle Linien ziehen sich auch vom Augenwinkel über die Stirn. Um diese Linien herum ist das Fell heller. Häufig, aber unerwünscht sind weiße Flecken um Lippen und Kinn. Am Hals und auf der Unterseite des Körpers sind sie ausgesprochen fehlerhaft.
Die Abessinierkatze ist in den Farbschlägen rot und wildfarben (normal) anerkannt; ein dritter hat beim britischen Verband vorläufige Anerkennung gefunden.

ABESSINIER wildfarben
Dies war die Färbung der ersten Abessinierkatzen. Der Grundton ist ein warmes Goldbraun mit schwarzem »Ticking«, die Unterwolle ist orangebraun oder aprikosenfarben wie auch der Bauch und die Innenseite der Beine. Den Rücken entlang kann das Fell dunkler schattiert sein. Die Schwanzspitze, die Rückseite der Hinterbeine und die Fußballen sind einfarbig schwarz, der Nasenspiegel ist ziegelrot. Als Augenfarbe ist Bernstein, Haselnußbraun oder Grün zugelassen, solange die Farbe intensiv und leuchtend ist. In den USA schreibt der Standard grünlich-goldene oder haselnußbraune Augen vor.

ABESSINIER ROT
Die rote Variante der Abessinierkatze hat als Grundfarbe ein warmes Kupferrot mit schokoladenbraunem Ticking. Unterwolle sowie Bauch und Innenseite der Beine sind dunkel aprikosenfarben, Schwanzspitze, Rückseite der Hinterbeine und eine etwaige Schattierung des Rückens sind dunkelbraun. Nasenspiegel und Fußballen sind rosa. Für die Augen sind dieselben Farben zugelassen wie bei der wildfarbenen Abessinier. Es wurde auch schon der Farbschlag Creme gezüchtet, bei dem all diese Farben in verdünnter Form erscheinen, er ist aber nicht anerkannt.

ABESSINIER BLAU
Diese Variante ist noch nicht voll anerkannt, der vorläufige Standard schreibt

aber eine Unterwolle von blasser Creme- oder Mehlfarbe vor und als Grundton ein Blaugrau mit einem dunkler stahlgrauen Ticking. Schwanzspitze und die Rückseite der Hinterbeine sind einfarbig stahlblau. Der Nasenspiegel ist dunkelrosa, die Fußballen sind mauve oder blau. Augenfarbe wie bei den anderen Abessiniern.

Siamkatze

Bei der Siamkatze besteht eine echte Verbindung mit Siam oder, wie es heute heißt, Thailand, aber das heißt nicht, daß die Rasse ursprünglich dort herstammt. Die charakteristische Fellzeichnung ist als spontane Mutation in vielen Ländern aufgetreten, und es erscheint wahrscheinlich, daß der Ursprung der Rasse noch weiter im Osten lag. Trotz der Unterschiede in Fellänge und Körperbau hat man ihr eine Verbindung zur Birmakatze (s. S. 90, 92) unterstellt oder sie sogar für eine partiell albinotische Variante der Burmakatze (S. 115) gehalten, obwohl das erste als Burmakatze bekannte Exemplar in den USA in Wirklichkeit ein Siam-Mischling war! 1794 veröffentlichte ein deutscher Forscher das Bild einer siamähnlichen Katze, die er am Kaspischen Meer gesehen hatte. Seinen Angaben zufolge war die Mutter schwarz, so daß es sich vielleicht nur um eine der gelegentlich auftretenden Mutationen gehandelt hat.
Viele Geschichten ranken sich um die Siamkatze als Wächter buddhistischer Tempel oder der Königspaläste von Siam. Der früher häufig vorkommende Schwanzknick soll entstanden sein, weil eine Katze, die einen wertvollen Kelch zu bewachen hatte, vor lauter Eifer ihren Schwanz so fest um den Stiel schlang, daß sie ihn später nicht mehr geradebiegen konnte. Einer anderen Legende nach streifte eine orientalische Prinzessin vor dem Bade ihre Ringe ab und ihrer Katze über den Schwanz, und damit sie nicht herunterglitten, machte sie noch einen Knoten in den Schwanz ... Und die Schielaugen, früher ebenfalls eine häufige Eigenschaft, kamen angeblich daher, daß die Katzen sich so sehr auf die wertvollen Gegenstände konzentrierten, die ihrer Bewachung anvertraut wurden. Siamkatzen sind heutzutage in Thailand nicht gerade häufig vertreten und scheinen es auch nie gewesen zu sein. Sie gehörten zum Hof, und das erklärt auch ihre sorgfältige Zucht. Eine antike Pergamentrolle mit Bildern und Versen, vermutlich die Kopie eines vierhundert Jahre alten Originals, zeigt eine Siamkatze, die dort Vichien Mas genannt wird. Man sagt, diese Katzen seien nie verkauft, höchstens zum Zeichen besonderer Anerkennung verschenkt worden. Aber es ist natürlich möglich, daß einige herausgeschmuggelt wurden.
In Europa soll die Rasse eingeführt worden sein durch ein Pärchen, das der britische Konsul in Bangkok vom thailändischen Hof als Geschenk erhielt. Er brachte sie 1884 nach England, aber in Wirklichkeit waren Siamkatzen dort schon seit mindestens zehn Jahren bekannt. Sie sahen nur ganz anders aus als die Siamesen, die wir heute kennen. Sie hatten zwar die Gesichtsmaske und die charakteristischen Abzeichen, waren aber viel schwerer und hatten rundliche Köpfe.
Die moderne Siamkatze ist überaus elegant und anmutig. Sie ist mittelgroß und hat einen langen Körper, schlanke Beine mit zierlichen, ovalen Pfoten, die Hinterbeine sind etwas länger als die Vorderbeine. Der Schwanz ist lang und dünn und läuft spitz zu. Der keilförmige Kopf zeigt von vorn und von der Seite glatte Umrisse. Der Nasenansatz darf leicht gewinkelt sein, ansonsten aber muß sich der Kopf in völlig geraden Linien von den großen, am Ansatz breiten und gespitzten Ohren zur feinen Schnauze hin verjüngen. Das Kinn ist fest, die Kiefer passen genau aufeinander. Die Wangen dürfen weder eingedellt noch gerundet sein. Die Augen sind mandelförmig und ganz leicht schräg gestellt. Mit Ausnahme der Farbschläge Lilacpoint bzw. Lilacpoint Tabby, bei dem der britische Standard heller blaue Augen zuläßt, müssen die Augen immer von tiefem, klarem Blau sein.
Die Siam-Abzeichen sind deutlich abgegrenzte, dunkelfarbige Flächen auf hellem Grund. Diese Abzeichen oder Points sind auf Schwanz, Beine, Ohren und Gesichtsmaske begrenzt; letztere bedeckt Nase und Mund, die oberen Wangen und

die mittlere Stirn. Ein dunkler Streifen verbindet Gesichtsmaske und Ohransatz. Am Rücken darf das Fell etwas dunkler sein. Je älter eine Siam wird, desto dunkler wird im allgemeinen ihr Fell, die Abzeichen bleiben aber immer deutlich sichtbar. Wenn es sehr heiß ist oder die Katze sich nicht wohlfühlt, können andersfarbige Haare in den dunkler gefärbten Flächen auftreten.
Früher hielt man die Siamesen für eine empfindliche Rasse, aber heute stimmt das nicht mehr. Natürlich können bestimmte Schwächen – wie bei anderen Katzenrassen auch – in einer Linie auftreten. Sie lassen sich aber aus der Zucht wieder ausmerzen. Leider führt die starke Nachfrage bei besonders beliebten Rassen dazu, daß auch mit nicht ganz vollkommenen Exemplaren gezüchtet wird. Auch wenn sie nicht empfindlich sind, sind sie doch sehr anspruchsvoll. Sie wollen beachtet und einbezogen werden. Intelligenz und Einfallsreichtum machen sie auch zu geschickten Dieben, und soweit es sich um die Verfolgung eigener Ziele handelt, lernen sie sehr rasch. Ein paar Minderbemittelte gibt es natürlich auch – oder sind sie vielleicht gerade die Gescheitesten und sorgen mit einer schlauen Show dafür, daß sie besonders beachtet werden? Siamkatzen gewöhnen sich sehr an den Besitzer, manchmal hängen sie auch besonders an einem Menschen. Stehen andere Tiere oder Menschen im Mittelpunkt, können sie alle Zeichen von Eifersucht zeigen. Sie sind gesprächig, sogar diskussionsfreudig, und viele Besitzer behaupten, verständige Gespräche mit ihnen führen zu können.
Schon bei der Jungkatze muß auf Disziplin geachtet werden, damit sie sich nicht zum dickköpfigen Haustyrannen entwikkelt. Bei entsprechender Geduld des Besitzers lernen sie eher als andere Rassen, an der Leine zu gehen.
Die Kätzinnen werden sehr früh geschlechtsreif, manchmal schon mit vier Monaten. Das heisere Rufen einer rolligen Kätzin kann für den, der nicht daran gewöhnt ist, recht störend sein, zumal schon die normale Stimme der Siamkatze viel durchdringender ist als die anderer Katzen. Vielleicht liegt es an der Stimme, daß Siamesen oft als falsch und tükkisch gelten. In Wirklichkeit wissen sie einfach ihre Rechte zu wahren und sich – manchmal mit Tricks – durchzusetzen.
Die Würfe sind oft groß. Geboren werden die Kätzchen mit einem fast weißen, flauschigen Fell ohne Abzeichen. Sie öffnen früher als andere Katzen die Augen. Erst allmählich erscheinen die Maske und die Points; der Bereich um die Nase wird im allgemeinen zuerst dunkler. Wenn ver-

Siam Seal Point

Siam Blue Point

schiedenfarbige Katzen zu den Vorfahren gehörten, kann man oft erst im Entwöhnungsalter mit Sicherheit sagen, zu welchem Farbschlag ein Kätzchen gehören wird. Die feinen Linien, die die Gesichtsmaske mit den Ohren verbinden, werden möglicherweise erst bei der ausgewachsenen Katze sichtbar.
Als erste Variante der Siamkatze wurde die Seal Point anerkannt, aber heute gibt es zahlreiche anerkannte Farbschläge.

SIAM SEAL POINT

(Abzeichen schwarzbraun)
Bei einer ausgewachsenen Seal Point ist die Körperfarbe Creme, das auf dem Rükken zu blassem, warmem Rehbraun tendieren kann. Jungkatzen sind heller, und im Alter dunkelt bei den meisten der Rükken nach. Maske, Ohren, Beine, Pfoten und Schwanz sind deutlich abgesetzt dunkelbraun, fast schwarz, und genetisch gesehen handelt es sich auch um Schwarz, das von den für die Abzeichen verantwortlichen Genen leicht aufgehellt wird. Andere dunkle Abzeichen sind nicht erlaubt, auch nicht der häufig vorkommende dunkle Fleck am Bauch. Eine helle »Brille« um die Augen oder helle Flekken an den Füßen würden eine Katze von jeder Ausstellung ausschließen, sie kommen heute aber nur noch selten vor. Nasenspiegel und Fußballen müssen farblich den Abzeichen entsprechen; nur in den USA dürfen sie auch rosa sein.

SIAM BLUE POINT

(Abzeichen blau)
Die Blue Point war die zweite anerkannte Farbvariante. Sie war schon um 1920 auf britischen und amerikanischen Ausstellungen zu sehen. Registriert wurde die erste 1894, noch bevor der Standard für Siamkatzen richtig festgelegt war.
Die Körperfarbe ist Gletscherweiß, das auf dem Rücken in Blau übergeht. Es muß aber immer heller sein als das klare Blau von Points und Maske, das für Gesicht, Ohren und Beine gleich sein muß. Die Augen sind lebhaft blau, der Nasenspiegel ist schiefergrau, die Fußballen sind nach dem britischen Standard ebenfalls schiefergrau, in den USA rosa.

SIAM CHOCOLATE POINT

(Abzeichen schokoladenbraun)
Dieser Farbschlag, eine weitere Verdünnung der Seal Point, war gelegentlich schon unter den ersten Siamesen zu sehen und wurde damals oft als schlecht ausgefärbte Seal Point betrachtet. Ihre Färbung geht aber auf ein anderes Gen zurück. Sie wurden erst 1950 anerkannt, zuerst in England, dann auch in anderen Ländern. Die Körperfarbe ist Elfenbein, etwaige Schattierungen müssen im Ton

zu den milchschokoladefarbigen Abzeichen passen. Die Farbe von Nasenspiegel und Fußballen richtet sich nach den Abzeichen; in den USA wird sie als zimtrosa bzw. rosa beschrieben.

SIAM LILAC POINT

(Abzeichen lila)

In den USA hieß diese Variante ursprünglich Frost Point. Die Farbe entsteht, wenn beide Eltern rezessiv die Gene für Schokoladenbraun und Blau tragen. Kreuzt man Lilac Points miteinander, werden die Jungen lilafarben.

Körperfarbe ist ein gebrochenes Weiß, nach dem britischen Standard als magnolienfarben, bei manchen amerikanischen Verbänden als milchweiß oder eisfarben bezeichnet. Nach dem britischen Standard sind Maske und Points graurosa, während Nasenspiegel und Fußballen blaßlila sein müssen. In den USA spricht man von einem Frostgrau mit rosa Schimmer, und Nasenspiegel und Fußballen müssen blaßlila sein. Die Augen müssen dort dunkelblau oder leuchtend blau sein, der britische Standard läßt auch ein helleres, aber lebhaftes und nicht blasses Blau zu.

SIAM RED POINT

(Red Colorpoint Short-Hair – Abzeichen rot)

Die rote Farbvariante wurde 1956 erstmals in den USA, zehn Jahre später auch in England anerkannt. Das Fell ist weiß und darf auf dem Rücken zu blasser Aprikosenfarbe schattieren. Nach dem britischen Standard sind die Points leuchtend rotgolden, Beine und Pfoten rotgolden bis aprikosenfarben. In den USA wird die Farbe als sattes Rot beschrieben. Nasenspiegel und Fußballen sind rosa, die Augen leuchtend blau.

Einige amerikanische Verbände erkennen nur die Farbschläge Seal, Blue, Chocolate und Lilac als Siamesen an und fassen alle anderen unter der Bezeichnung Colorpoint Short-Hair zusammen.

Wie bei anderen roten Katzen ist auch hier die Farbe geschlechtsgebunden, was die Züchter vor einige Probleme stellt. Der Verdünnungsfaktor, der die Seal Point mehr dunkelbraun als schwarz erscheinen läßt, schwächt auch die Rotfärbung ab. Eine weitere Komplikation besteht darin, daß eine Streifenzeichnung bei roten Katzen nur schwer zu vermeiden ist.

Siam Chocolate Point

Siam Lilac Point

Siam Red Point

Siam Tortie Point

Siam Cream Point

SIAM TORTIE POINT

(Tortie Colorpoint Short-Hair – Abzeichen Schildpatt)

Diese Färbung kommt nur bei Kätzinnen vor und entsteht aus der Paarung einer Seal Point mit einer Red Point oder einer Tortie Point mit irgendeiner anderen Farbe. Die Points sind eine zwei- oder dreifarbige Mischung von Rot und/oder Creme mit Seal, Blau, Schokoladenbraun oder Lila. Die Körperfarbe muß zu den vorhandenen Farben passen. An den Beinen, Pfoten, Ohren, am Schwanz und im Gesicht müssen sich die Farben vermischen ebenso am Nasenspiegel und an den Fußballen. Die Verteilung der Flekken ist jedoch beliebig und braucht keinem vorgeschriebenen Muster zu folgen. Amerikanische Verbände rechnen diese Variante nicht zu den Siamesen, sondern nennen sie Tortoiseshell Colorpoint Short-Hair (s. S. 110).

SIAM CREAM POINT

(Cream Colorpoint Short-Hair – Abzeichen creme)

Diese Variante ist eine weitere Verdünnung der Red Point. Die Fellfarbe ist weiß, etwaige Schattierungen dürfen nur ganz hell cremefarben sein. Die Abzeichen haben die kühle Farbe geronnener Sahne, die sich an der Nase, am Schwanz und an den Ohren bis zu aprikosenfarben erwärmt, ohne je einen wirklich warmen Ton zu ergeben. Nasenspiegel und Fußballen sind rosa, die Augen lebhaft blau. Auch dieser Farbschlag wird von manchen Verbänden unter die Colorpoint Short-Hair eingereiht (s. S. 110). Fast immer weisen sie eine Tabby-Zeichnung auf und sind dann von Cream Tabby Points nicht zu unterscheiden.

SIAM TABBY POINT

(Lynx Point Siamese, Tabby Colorpoint Short-Hair – Abzeichen getigert)

Die Siam Tabby Point erschien erstmals anfangs des Jahrhunderts und dann wider etwa 40 Jahre später unter dem Namen Silver Point, aber erst um 1960 begann sie Aufmerksamkeit zu erregen. Sie war unter den Namen Shadow Point, Attabiy und Lynx Point bekannt gewesen, eingetragen wurde sie in England 1966 aber als Tabby Point. In Australien, Neuseeland und den USA werden sie weiter Lynx Point genannt, sofern man sie nicht von vornherein unter die Colorpoint Short-hair zählt (s. S. 110) und gar nicht als Siamesen anerkennt.

Wie schon der Name sagt, haben Points und Maske das Tabby-Muster, sind also gestreift; ansonsten dürfen sie jede für Siamesen anerkannte Färbung haben: Seal, Blau, Schokoladenbraun, Lila, Rot, Creme oder Schildpatt. Der Körper darf sonst keine Abzeichen aufweisen, nur der Rücken dunkelt wie bei den anderen Siamesen im Alter nach. Die Körperfarbe muß nach Siam-Standard zur Farbe der Abzeichen passen. Die Beine weisen horizontale gebrochene Streifen auf, die Rückseite der Hinterbeine ist einfarbig. Der Schwanz ist deutlich und vielfach geringt und endet in einer einfarbigen Spitze. Die Maske ist besonders um die Augen und die Nase und auf der Stirn deutlich gestreift, die Wangen sind ebenfalls gezeichnet, die Schnurrhaarkissen gefleckt. Die Ohren müssen einfarbig sein, tragen auf der Rückseite aber einen hellen »Daumenabdruck«. Nasenspiegel und Fußballen müssen dem Siam-Standard für die Farbe der Points entsprechen, dürfen aber auch rosa sein. Die Augen sind leuchtend blau und entweder dunkel oder zur Farbe der Abzeichen passend umrandet. Die Tortie Tabby Point (Abzeichen Schildpatt getigert) unterscheidet sich darin, daß sie gesprenkelte Ohren hat, muß aber deutlicher gestreift sein als die Tortie Point.

Siam Tabby Point

Colorpoint Short-Hair

Unter diesem Namen sind bei einigen nordamerikanischen Verbänden diejenigen Farbschläge zusammengefaßt, die nach dem englischen Standard Siam Red, Cream, Tabby (in Amerika Lynx) und Tortie Point heißen. Sie sind oben beschrieben.
Anerkannt sind auch die Farbvarianten Blaucreme, Schokoladencreme, Lilacreme, verdünnte Formen der Tortie Point und diesen sehr ähnlich.
Die Bezeichnung Colorpoint Short-hair ist nicht mit den britischen Colourpoints zu verwechseln, die die Amerikaner Himalayans nennen (s. S. 90). Die unterschiedliche Schreibweise dient zur Unterscheidung der beiden Rassen.

Orientalisch Kurzhaar Weiß

(Foreign White)

Obwohl das reinweiße Fell keinerlei Siam-Abzeichen aufweist, handelt es sich bei der Orientalisch Kurzhaar Weiß um eine Siamkatze. Nasenspiegel und Fußballen sind rosa, die Augen leuchtend blau.
Bei dieser Variante ist der genetische Faktor, der bei den Siamesen die Farbe auf Maske und Points beschränkt, derartig dominant, daß er gar keine Abzeichen mehr zuläßt. Die Katze ist kein Albino, denn sie ist nicht rosa um die Augen, wie es sonst Albinos aller Arten sind. Als die Zucht aus Siamesen mit extremer Farbbeschränkung herausgezüchtet wurde, tauchte das Problem der Taubheit auf,

Orientalisch Kurzhaar weiß

das bei blauäugigen weißen Katzen so häufig ist. Heute glauben die Experten aber, durch sorgfältige Zuchtwahl die Stämme mit entsprechender Erbanlage ausgemerzt zu haben.
In Amerika heißen sie wie andere einfarbige Katzen im Siamesentyp Oriental Short-hair (s. S. 113).

Orientalisch Kurzhaar Schwarz
(Foreign Black)

Auch diese Farbvariante hat die Siam Seal Point zum Stammvater, nur daß die Entwicklung umgekehrt verlief wie bei der weißen Variante. Sie ist eine Siamkatze, bei der der Beschränkungsfaktor so rezessiv geworden ist, daß er keine Wirkung mehr zeigt. Das Fell ist nicht nur einfarbig, der Verdünnungseffekt der sonst für den Seal-Ton verantwortlich ist, ist ebenfalls verschwunden, so daß die Katze ein schimmernd schwarzes Haarkleid trägt. Auch Fußballen und Nasenspiegel sind schwarz. Abgesehen von der Fellfarbe ist die Orientalisch Kurzhaar Schwarz in jeder Hinsicht eine Siamkatze. Sie wurde in England erst kürzlich anerkannt. Die entsprechende Züchtung wird auch als Orientalisch Kurzhaar Ebony (= Ebenholz) bezeichnet.

Orientalisch Kurzhaar Lila

Die lila Fellfarbe entsteht, wenn beide

Orientalisch Kurzhaar lila

Orientalisch Kurzhaar schwarz

Eltern sowohl die Gene für Blau als auch für Schokoladenbraun tragen. So tauchten während der Züchtung der Havana einige Exemplare mit einfarbig lila Fell auf. In den 60er Jahren begannen sich Züchter intensiver mit der Entwicklung einer Siamkatze zu befassen, deren weiches Fell in einer Art Eisgrau schimmert und ganz leicht rosa getönt ist. Auch Nasenspiegel und Fußballen sind rosig. Die Augen sind diesmal lebhaft grün. In den USA heißt die entsprechende Rasse Orientalisch Kurzhaar Lavendel.

Havana

Die Havana ist eine schokoladenbraune Siamkatze, bei der der Verdünnungsfaktor nicht zur Wirkung kommt, so daß das Fell einheitlich eine warm kastanienbraune Farbe zeigt, ein bißchen dunkler als das ursprüngliche Schokoladenbraun. Schnurrhaare und Nasenspiegel haben dieselbe Farbe wie das Fell, die Fußballen sind braunrosa. Die Augen sind grün, haben aber die Stellung und den Schnitt der Orientalen. Im Aussehen und Körperbau muß sie ansonsten voll und ganz dem Standard für Siamkatzen entsprechen, zumindest in England und Europa. In den Anfangsstadien kreuzte man sowohl schwarze Kurzhaarkatzen als auch Russisch Blau mit schokoladenfarbenen Siamesen, um eine einfarbig braune Katze zu erhalten, die zuerst Havana genannt und dann in Chestnut Foreign Short-hair (Orientalisch Kurzhaar kastanienbraun) umgetauft wurde. 1970 wurde der Name Havana wieder eingeführt.
Kreuzt man Havanas miteinander, kann der orientalische Typus verlorengehen. Zu seiner Erhaltung werden daher immer wieder Siam Chocolate Point eingekreuzt.
Die ersten Havana-Katzen in den USA stammten aus England. Da dieser Stamm aber nicht mit Siamesen rückgekreuzt wurde, entstand ein anderer Typ, der heute Havana Brown genannt wird. Er hat eine gerundetere Schnauze, gerundete Ohrspitzen, in Augenhöhe einen ausgeprägten Stop und eine leichte Einbuchtung hinter den Schnurrhaaren. Die Augen sind hellgrün, der Nasenspiegel ist rosig gefärbt.

Havana

Amerikanische Orientalisch Kurzhaar

Die US-amerikanischen Verbände fassen alle einfarbigen Siamesen unter dem Namen Oriental Short-Hair zusammen. Nicht dazu gehört die Havana, die in Amerika weniger den Typ der Siamkatze verkörpert als in England und Europa, dazugerechnet werden aber die Orientalisch Kurzhaar Weiß (S. 110), die Orientalisch Kurzhaar Schwarz (S. 111), in Amerika Ebony genannt, und die Orientalisch Kurzhaar Lila (S. 111), in Amerika Lavendel genannt. Eingeschlossen sind auch viele Farben, die der britische Standard nicht anerkennt: Blau, Kastanienbraun, Rot, Creme, Silber, Cameo, Ebony, Smoke, Blue Smoke, Chestnut Smoke, Lavender Smoke und Cameo Smoke. Ebenso anerkannt sind die gestromte und die gestreifte Tabby-Zeichnung bei Ebony, Blau, Kastanienbraun, Lavendel, Rot, Creme, Silber, Cameo und Schildpatt, Blaucreme, Schildpatt-Kastanie und Lavendelcreme. Diese Katzen sehen aus wie Siamesen, haben aber grüne oder bernsteinfarbene Augen. Nur die Orientalisch Kurzhaar Weiß darf blaue oder grüne Augen haben, nicht jedoch verschiedenfarbige. Die Stimme der Orientalisch Kurzhaar ist weicher als die der Siamesen.

Ägyptische Mau

(Oriental Spotted Tabby)

Diese Rasse verdankt ihre Entstehung einem bewußten Versuch, die Katze von antiken ägyptischen Gemälden und Reliefs wiedererstehen zu lassen. Die Abessinierkatze ist ähnlich im Typ und gleicht der afrikanischen Falbkatze; die Ägyptische Mau, wie sie zuerst genannt wurde, sieht aus wie die getupften Katzen, die man auf Wandgemälden und Papyri abgebildet findet.

Der nordamerikanische Stamm hat eine Verbindung zu Ägypten, kamen die Vorfahren doch über Rom aus Kairo. Mitte der 50er Jahre wurden drei Exemplare in Rom ausgestellt, die die Stammeltern der nordamerikanischen Zucht wurden und zwei Farbschläge vererbten, Silber und Bronze.

In England züchtete man nicht mit Importen, sondern mit Tabby-Katzen im orientalischen Typ, die bei der Zucht der Siamkatze mit gestreiften Abzeichen auftauchten. In Anbetracht dieser Abstammung wurden sie in England bald Oriental Spotted Tabby genannt und unter diesem Namen auch 1978 eingetragen.

Die englische Variante ist ein extremer Schlanktyp und genau genommen eine getupfte Siamkatze. Die Gliedmaßen sind gestreift, der Schwanz ist geringt, der Kopf zeigt das Tabby-Muster, das auf der Stirn wie ein Skarabäus aussieht. Dieser Käfer spielt in der ägyptischen Kunst und Religion eine große Rolle und erscheint oft auf der Stirn von Katzenabbildungen. Die Augen sind grün, das Fell darf alle zugelassenen Tabby-Farben haben.

Der amerikanische Zweig ist von weniger orientalischem Typ. Die Augen sind zwar oval und leicht schräg gestellt, ganz orientalische Augen gelten aber als Fehler. Der Körper ist stämmiger als bei der Siam, und die Keilform des Kopfes ist mehr gerundet. Sie wird von verschiedenen Verbänden in verschiedenen Farbschlägen anerkannt.

ÄGYPTISCH MAU SILBER
Diese Variante hat anthrazitgraue Abzeichen auf blaß silberfarbenem Untergrund. Nase, Lippen und Augen sind schwarz umrandet. Der Nasenspiegel ist ziegeirot, die Fußballen sind schwarz, und an den Hinterpfoten bedeckt das Schwarz auch einen Teil der Pfoten.

ÄGYPTISCH MAU BRONZE
Bei dieser Variante reichen die Schattierungen von Lohfarben an den Flanken bis Dunkelbronzefarben auf dem Rücken und Elfenbeinweiß am Bauch. Die Abzeichen sind dunkelbraun, und braun sind auch Nase, Lippen und Augen umrandet. Der Naserspiegel ist ziegelrot, die Fußballen sind schwarz oder dunkelbraun.

ÄGYPTISCH MAU RAUCHFARBEN
Diese Variante hat anthrazitgraues Fell über silbergrauer Unterwolle und ist schwarz gezeichnet. Nase, Lippen und Augen sind schwarz umrandet, Nasenspiegel und Fußballen sind ebenfalls schwarz.

ÄGYPTISCH MAU ZINN
Manche Verbände erkennen auch die Variante Zinn an, die eine helle, rehfarbene Grundfärbung hat. Jedes Haar ist mit Silber und Beige gebändert und endet in einer schwarzen Spitze (Tipping). Am Bauch hellt sich die Farbe zu Creme auf, und die Bebänderung (Ticking) der Haare geht verloren. Die Abzeichen sind anthrazitgrau bis dunkelbraun. Nase, Lippen und Augen sind dunkelbraun umrandet. Der Nasenspiegel ist ziegelrot, die Fußballen sind anthrazit bis dunkelbraun. Die Augen müssen in jedem Fall so hellgrün wie Stachelbeeren sein und dürfen höchstens einen leicht bernsteinfarbenen Schimmer haben.

Burmakatze, Burmesin

Diese Rasse scheint wirklich aus dem Orient zu stammen; die Kätzin, von der die Zucht im Westen abstammt, wurde von Indien nach Nordamerika eingeführt. Sie soll das Produkt einer Siamkatze und einer Katze mit dunklem Fell gewesen sein und wurde in den USA mit Siamesen gekreuzt.
Heute aber unterscheidet sich die Burmakatze erheblich von der Siam. Sie weist weder den extremen Schlanktyp der Orientalen noch den stämmigen Körper der Europäisch Kurzhaar auf. Der Körper ist mittellang und schwerer und muskulöser, als er aussieht. Die Brust ist rund und kräftig, der Rücken gerade. Der Schwanz ist mittellang und verjüngt sich nur wenig zu einer gerundeten Spitze. Der Oberkopf ist leicht rund, die Wangen sind voll, die Kopfform ist ein stumpfer Keil, die Ohren sind leicht abgerundet und nach vorn gekippt. Die Nase weist einen ausgeprägten Stop auf. Der Unterkiefer ist stark entwickelt. Die großen goldgelben Augen sind am inneren Augenwinkel rund, am äußeren Augenwinkel leicht abgeschrägt. Das kurze, feine Fell liegt dicht am Körper und ist von satinartiger Textur und auffallendem Glanz. Nach dem US-Standard wird noch weniger orientalischer Typus verlangt; die Augen sind noch runder. Auch die Pfoten sollen rund sein, nicht oval, wie es der britische Standard vorschreibt.
In der Persönlichkeit haben Burmesen jedoch viel Ähnlichkeit mit Siamesen. Sie sind äußerst anhänglich, menschenbezogen und neigen zur Eifersucht. Sie stehen im Ruf, gute Eltern zu sein, und zwar die Kater ebenso wie die Kätzinnen. Ihre Wanderlust ist beträchtlich, weshalb man sie nicht unbedingt ganz frei herumlaufen lassen sollte.
In den USA sind vier verschiedene Farbvarianten anerkannt, in England noch einige mehr. Das Fell muß einfarbig sein und darf sich am Bauch, an der Brust und der Innenseite der Beine leicht aufhellen. Die Gesichtsmaske und die Ohren müssen etwas dunkler getönt sein als der Körper. Die Augen sind im Idealfall goldgelb, aber alle Schattierungen von hellgrün bis bernsteinfarben sind erlaubt.

Burmakatze braun

Burmakatze blau

Burmakatze schokoladenbraun

BURMAKATZE BRAUN

Nach dem britischen Standard ist die Fellfarbe ein warmes Sealbraun. Kätzchen und Jungkatzen dürfen noch heller sein und sogar Tabby-Zeichnung aufweisen. Der Nasenspiegel ist sattbraun, die Fußballen sind braun.
In den USA heißt der braune Farbschlag Sable Burmese (sable = Zobel) und ist bei manchen Verbänden der einzige für Burmesen anerkannte Farbschlag.

BURMAKATZE BLAU

Der britische Standard fordert ein weiches silbergraues Fell mit deutlichem Silberschimmer auf allen gerundeten Bereichen, besonders an den Ohren, im Gesicht und an den Füßen. Der Nasenspiegel ist ganz dunkel grau, die Fußballen sind grau.
Der amerikanische Standard beschreibt ein sattes Blau mit dem gleichen Silberschimmer. Nasenspiegel und Fußballen sind blaugrau mit einem Anflug von Rosa.

BURMAKATZE SCHOKOLADENBRAUN

Diese Variante ist in England zu Hause. Fellfarbe ist ein warmes Milchschokoladenbraun. Der Nasenspiegel ist schokoladenbraun, die Fußballen sind ziegelrosa bis schokoladenfarben.

BURMAKATZE LILA

Auch die lila Burmesin ist eine britische Variante. Ihre Fellfarbe ist ein helles, zartes Taubengrau mit einem Anflug von Rosa, das wie verblaßt wirkt. Der Nasenspiegel ist lavendelrosa, die Fußballen sind bei jungen Katzen muschelrosa, später ebenfalls lavendelrosa.

BURMAKATZE ROT

Das Fell dieser nur in England anerkannten Variante ist bei der ausgewachsenen Katze hell mandarinenfarben; die Ohren sind deutlich dunkler als der Rücken. Leichte Tabby-Zeichnung im Gesicht ist erlaubt. Nasenspiegel und Fußballen sind rosa.

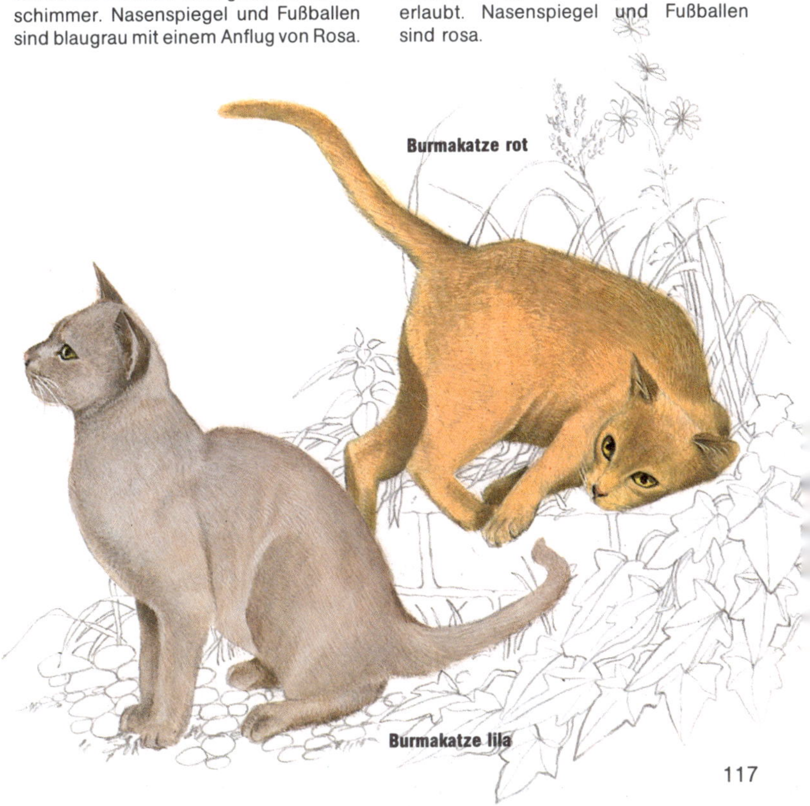

Burmakatze rot

Burmakatze lila

BURMAKATZE SCHILDPATT
Dieser Farbschlag mit der üblichen Schildpattmischung aus Braun, Creme und Rot ist in England anerkannt. Farbe und Abzeichen sind aber weniger wichtig als der Gesamttypus. Nasenspiegel und Fußballen können einfarbig, aber auch braun-rosa gefleckt sein.

BURMAKATZE CREME
Bei der ausgewachsenen Katze hat das Fell eine warme Cremefarbe; das Gesicht darf leicht getigert sein. Die Ohren sind etwas dunkler als der Rücken. Nasenspiegel und Fußballen sind rosa. Der Farbschlag ist in England anerkannt.

BURMAKATZE CHAMPAGNER
Die nordamerikanische champagnerfarbene Burmakatze kommt der englischen cremefarbenen am nächsten. Das Fell hat eine warme Honigfarbe mit den bei allen Burmesen üblichen Schattierungen. Der Nasenspiegel hat eine warme hellbraune Farbe, die Fußballen sind warm rosa getönt.

BURMAKATZE PLATIN
Diese amerikanische Variante hat blaß silbergraues Fell, das je nach Jahreszeit eine hellbraune Tönung aufweisen kann. Nasenspiegel und Fußballen sind lavendelrosa.

BURMAKATZE BLAUCREME
Bei dieser in England anerkannten Variante ist das Fell blau und cremefarben gemischt ohne sichtbare Streifen. Farbe und Zeichnung sind weniger wichtig als die Zugehörigkeit zum Rassentypus. Nasenspiegel und Fußballen sind einfarbig oder blau und rosa gefleckt.

Tonkanesin (Tonkinese)

Diese vor Jahren in Amerika anerkannte Unterrasse entstand aus Kreuzungen zwischen Siam- und Burmakatzen, zwischen denen in den USA größere Unterschiede bestehen als in Europa.
Die Tonkanesin ist eine mittelgroße, gut bemuskelte Katze. Die Kopfform ist ein leicht abgerundeter Keil mit eher viereckiger Schnauzenpartie und einem Anstieg vom Nasenrücken zur Stirn. Die Ohren sind mittelgroß, leicht abgerundet und etwas nach vorn geneigt. Die Pfoten sind oval, der Schwanz läuft spitz zu. Die leuchtend blaugrünen Augen sind mandelförmig und etwas orientalisch im Schnitt.
Die Tonkanesin wird schon in mehreren Farben anerkannt. Bei allen sind die Siamabzeichen noch deutlich als dunkleres Fell zu erkennen, die Ränder sind aber verwischt. Bei der Variante Natural

Burmakatze blaucreme

Mink (Naturnerz) ist das Fell von warmem Braun mit dunkelschokoladen- bis zobelfarbenen Abzeichen. Die Honey Mink (Honignerz) hat ein mehr rötlich-braunes Fell mit rötlichen Abzeichen. Es gibt auch Tonkanesen mit schokoladenbraunem, champagnerfarbenem und blaugrauem Fell.

Tonkanesin

Koratkatze

Die Koratkatze stammt aus Thailand, unterscheidet sich aber stark von unseren heutigen Siamesen. In ihrer Heimat ist sie seit Jahrhunderten unter dem Namen Si-Sawat bekannt. Sawat bedeutet Glück oder Wohlstand, und als hochgeschätzter Glücksbringer galt sie den Bewohnern der Hochebene von Korat schon immer.
Die Katze ist mittelgroß, kräftig und muskulös und hat einen mittellangen Schwanz, der am Ansatz breit ist und sich zu einer abgerundeten Spitze hin verjüngt. Die Rückenlinie ist leicht gebogen, die Beine sind kürzer als bei der Siam. Das Gesicht ist herzförmig, die Stirn groß und flach, die Schnauze kräftig modelliert, aber nicht spitz. Im Profil wird ein leichter Stop zwischen Stirn und Nase sichtbar; die Nase selbst ist leicht nach unten gebogen. Die großen Ohren stehen aufrecht und haben abgerundete Spitzen. Die Augen sind groß und liegen weit auseinander. Ganz oder halb geschlossen sind sie orientalisch schräg, ganz geöffnet aber rund. Die blauen Augen junger Kätzchen werden erst bernsteinfarben und dann intensiv goldgrün. Das silbrige Blau des Fells ist nur dieser Rasse eigen. Die silberne Spitzentönung der einzelnen Haare verstärkt sich immer mehr und erreicht erst mit zwei Jahren ihre volle Ausfärbung. Ein altes Thai-Gedicht beschreibt das Fell als »glatt, mit Wurzeln wie Wolken und Spitzen wie Silber«. Nasenspiegel, Lippen und Fußballen sind dunkelblau oder lavendelfarben, die Fußballen können einen Anflug von Rosa haben.
Koratkatzen waren zwar gelegentlich außerhalb von Thailand aufgetaucht, aber erst 1959 wurde ein Pärchen in die USA exportiert und die Zucht im Westen begründet.
Sie sind in England jetzt als Rasse anerkannt, haben aber noch keinen Champion-Status.

Japanische Stummelschwanzkatze

Die japanische Stummelschwanzkatze entwickelte sich in Japan auf natürlichem Wege, ohne Eingriffe von Züchterhand. Sie ist seit Jahrhunderten bekannt und gehört zu den Katzentypen, die man auf japanischen Gemälden und Holzschnitten und als Skulpturen findet. Die Fassade des Gotokuji-Tempels in Tokio ist mit vielen Abbildungen dieser Katze mit grüßend erhobener Pfote geschmückt. Es sind die Maneki neko, die Willkommenskatzen.

Die Katze gehört keinem der üblichen Grundtypen an. Sie ist schlanker als die Europäisch oder Amerikanisch Kurzhaar, aber doch kein Orientale. Der Kopf ist ein Dreieck mit leicht geschwungenen Seiten, hohen Wangenknochen und einer deutlichen Einbuchtung an den Schnurrhaarkissen. Die großen, aufrechten Ohren stehen mehr auf dem Kopf als seitlich am Kopf. Die Augen sind groß, oval und schräg gestellt. Die Beine sind lang, die Hinterbeine etwas länger als die Vorderbeine. Da sie aber meist etwas eingeknickt sind, wenn die Katze entspannt dasteht, wirkt die Rückenlinie wieder eben. Hauptkennzeichen der Rasse ist der Schwanz, der ihr im Westen ihren Namen gab. Auf den ersten Blick wirkt er kurz und aufgeplustert wie ein Kaninchenschwanz; in Wirklichkeit ist er aber länger und wird nur abgeknickt getragen. Der gerade Teil ist nur wenige Zentimeter lang, dann folgt ein Knick. Die Schwanzhaare sind länger und dicker als das Körperfell, so daß der Schwanz wie eine Quaste aussieht.

Die Katze läßt sich in vielen Farben züchten, aber nur die Mi-Ke, die Schildpattkatze, ist für den Japaner glückverheißend, und in dieser Variante ist sie auch in den USA anerkannt. Das Fell ist seidenweich und halblang und darf alle Farbkombinationen der Mi-Ke haben: Schwarz, Rot und Weiß, Rot und Weiß, Schwarz und Weiß, Schildpatt oder Schildpatt mit Weiß sowie einfarbig Schwarz, Rot oder Weiß. Die Katzen sind berühmt für ihre Intelligenz und Gesprächigkeit, ihre Stimmen sind aber im Gegensatz zu denen der Siamesen eher sanft und zirpend.

Japanische Stummelschwanzkatzen

Fachausdrücke

Abzeichen siehe **Points**

Agouti bzw. Wildfärbung oder Ticking nennt man die verschiedenfarbige Bebänderung des einzelnen Katzenhaares.

Albino nennt man ein Tier, dem in Haut und Haar Pigment fehlt. Die Augen sind gewöhnlich rötlich.

Anerkennung ist die Annahme eines neuen Rassestandards durch einen Katzenverband.

Bicolor nennt man eine Katze mit zweifarbigem Fell, wenn eine der Farben Weiß ist.

Blau heißt bei Katzen eine blaugraue Fellfärbung.

Chromosom nennt man die fadenähnliche Struktur im Zellkern, die als Träger des Erbguts fungiert.

Doppelfell besteht aus dichter, weicher Unterwolle und einem weiteren dicken Fell aus längeren Haaren (z. B. Manxkatze).

FIFE ist die Abkürzung für **Fédération Internationale Féline d'Europe,** den französischen Dachverband, dem ebenfalls verschiedene europäische Katzenverbände angeschlossen sind und dessen Standards gelegentlich von denen des GCCF abweichen.

GCCF ist die Abkürzung für **Governing Council of the Cat Fancy,** den britischen Dachverband, dem viele europäische Katzenverbände angeschlossen sind.

Gen. Der Teil einer Körperzelle, der ein erbliches Merkmal von einer Generation auf die nächste überträgt.

Heiß nennt man abwertend eine zu rötliche Tönung bei cremefarbenen Katzen.

Kastrieren. Nicht zur Zucht bestimmte Kater werden unfruchtbar gemacht, d. h. kastriert.

Maske heißt die dunklere Gesichtsfärbung bestimmter Katzenrassen wie z. B. der Siamesen.

Mutant heißt ein Nachkomme, der gegenüber den Eltern eine Veränderung des Erbguts aufweist. Solche Mutationen kommen spontan vor, können aber auch die Folge einer Röntgen- oder Atomstrahlung sein.

Nasenspiegel heißt die Nasenhaut bei Katzen.

Nickhaut wird das durchsichtige dritte Lid genannt, das die Katze zum Schutz vor das Auge ziehen kann. Sie wird auch bei Krankheit (Fieber) sichtbar.

Pedigree nennt man die Aufzeichnung der Vorfahren einer Rassekatze.

Points heißen die dunkler gefärbten Flächen an Kopf, Ohren, Beinen und Schwanz wie z. B. bei den Siamesen.

Räderzeichnung nennt man die breiten Streifen und Flecken gestromter Katzen (s. auch **Tabby).**

Reinrassig ist eine Katze, deren Eltern und Vorfahren derselben Rasse angehörten.

Rezessiv ist ein erbliches Merkmal, das zwar auf die nächste Generation übertragen wird, aber nicht notwendigerweise sofort in Erscheinung tritt.

Rolligkeit nennt man den Zustand der Paarungsbereitschaft bei der Kätzin.

Rostig nennt man das Fell einer eigentlich schwarzen Katze, wenn es durch lange Sonnenbäder eine rötlich-braune Tönung angenommen hat.

Schuhe nennt man die weißen Flecken an den Pfoten mancher Katzen, z. B. der Birmakatze.

Seal ist ein an Schwarz grenzendes Dunkelbraun.

Sporen heißen weiße Abzeichen, die sich von den Pfoten die Rückseite der Hinterbeine hochziehen wie bei der Birmakatze.

Spritzen nennt man es, wenn Kater ihr Revier mit Urin markieren.

Stammbaum. Von einem Stammbaum

oder Pedigree spricht man nur bei Katzen, deren Vorfahren generationenlang derselben Rasse angehörten.

Standard heißt die Beschreibung der idealen Merkmale einer bestimmten Katzenrasse. Er wird der Bewertung auf Ausstellungen zugrunde gelegt.

Stop wird die Einbuchtung in der Profillinie beim Übergang von der Nase zur Stirn genannt.

Tabby heißen in England alle gestromten oder getigerten Katzen; der Begriff ist international gebräuchlich geworden. Es gibt das klassische oder gestromte Muster (Räderzeichnung) und das getigerte, das auf Englisch »mackerel« heißt.

Ticking heißt die Bebänderung des einzelnen Katzenhaars in verschiedenen Farben (s. **Agouti**).

Tipping heißt eine kontrastierende Färbung der Haarspitzen wie z. B. bei Chinchilla-Katzen.

Tricolor nennt man eine Katze mit dreifarbigem Fell.

Unterwolle heißen die weichen Haare, die bei Katzen mit doppeltem Fell unter den längeren Deckhaaren liegen.

Verdünnung nennt man die Aufhellung einer Fellfarbe, z. B. von Rot zu Creme.

Wurf nennt man die gleichzeitig geborenen Nachkommen einer Katze.

Katzen lieben Wärme. Behaglich strecken sie sich vor dem Kamin, dem Ofen oder in der Sonne aus.

Register